思考的艺术

杨 斌◎编著

中国纺织出版社有限公司

内 容 提 要

在每个人的思维当中，都存在着一些误区。思维误区最容易形成，却最难被发现，而其后果是非常严重的。这些误区就如同一个个陷阱，阻碍着我们的发展和前行。

本书用通俗生动的语言，直观而深刻地揭示了各种思维陷阱，旨在帮助读者打破思维的局限，克服思维的障碍，发挥思考的优势，从而使自己解决问题时有好方法，与他人沟通时有好策略，进而打开事业的大门，离成功越来越近。

图书在版编目（CIP）数据

思考的艺术／杨斌编著. --北京：中国纺织出版社有限公司，2019. 11（2023.5重印）
ISBN 978-7-5180-6286-7

Ⅰ.①思… Ⅱ.①杨… Ⅲ.①思维方法—通俗读物
Ⅳ.①B804-49

中国版本图书馆CIP数据核字（2019）第116666号

责任编辑：江 飞 责任校对：韩雪丽 责任印制：储志伟

中国纺织出版社有限公司出版发行
地址：北京市朝阳区百子湾东里A407号楼 邮政编码：100124
销售电话：010-67004422 传真：010-87155801
http://www.c-textilep.com
中国纺织出版社天猫旗舰店
官方微博http://weibo.com/2119887771
永清县晔盛亚胶印有限公司印刷 各地新华书店经销
2019年11月第1版 2023年5月第2次印刷
开本：880×1230 1/32 印张：6.5
字数：168千字 定价：48.00元

前言

在人生博弈场上，种种手段层出不穷，智力角逐异常激烈，对手之间的谋略对抗，对于胜负成败至关重要。人生就是一场头脑博弈。如何化解他人的敌意，如何赢得他人的支持，如何攻关克难，如何发明创新，如何在竞争中获利，这些都需要运用正确的思考。

制胜的秘诀在于学会正确思考。成功的第一要素是思维，思维改变人生。正如海尔总裁张瑞敏所说："成功是观念和思维方式的成功。"大人物的成功秘诀，就在于他们还是小人物的时候就已经学会正确思考。

通过思考，掌握方法了解他人的心理，运用技巧处理好种种问题，就能轻松化解难题，使自己成为博弈大赢家，进而收获美好人生。

人人都有向好之心，然而在寻求更好的路上并非一帆风顺，可能会荆棘丛生、阴霾遍布，更有可能会遇到一些陷阱，能避开的堪称幸运者，不幸者则会误入其中。

也许你从未发觉，在我们每个人的思维当中，都存在着一些误区。思维误区实际上是按照一定的模式小心谨慎地得出的错误结论，是一个很系统的思维的错误。在追求成功的道路上，在某些关键时刻，很多人总会在不经意间使用错误的思维，这不是因为他们笨，而是人性使然。人性会激发你内心的恐惧或懒惰，会让你做出本能的选择。思维误区是最容易成习惯也最难被发现的问题，而其后果却是非常明显的。它就像一块贫瘠的土壤，即使你在其上再怎么辛勤耕耘，也难以开出娇艳的花朵、结出硕大的果实。

这些误区就如同一个个陷阱，阻碍着我们的发展及前行。思维对人生有重要的指引作用，如果你的思维不对，那么你的行动就是盲目的，以致南辕北辙，你就会多走很多弯路，吃尽各种苦头，甚至可能会永远在迷宫之中打转，根本就到达不了目的地。

一旦落入思维陷阱，人就会如同井底之蛙，只能看到一方天空，故步自封，找不到出口。

因此，认识上的觉醒是规避陷阱的第一步。有意识地去认识一些思维陷阱，是把思维导入正轨的好途径。对于已被了解的谬误，我们自然有办法去消灭及克服。当明白了错误的思维是如何发生后，人们就有可能远离思维陷阱。

互联网时代是机遇遍布的时代，很容易角色反转成为人生赢家。同时也是陷阱与机遇共存的时代，如何能避开陷阱进入互联网的江湖，需要独特而冷静的思考。我们唯有时刻保持清醒，在尝试中经历陷阱，在陷阱中学习避开陷阱。而一切陷阱背后都是成功的机会。

成功一定是基于思维上的突破。可以这样说，制胜秘诀在于学会正确思考，成功之道在于避开思维陷阱。打破思考局限，避开思维陷阱，你将清晰地看到世界，并能够控制自己的生活，而不是被生活牵着鼻子走。懂得思考之道，会帮助你找到人生新的起点；避开思维陷阱，成功将会离你越来越近。

如果说成功者与失败者之间的差距在于思维方式，那么，熟知了思考方式的隐形陷阱后，人们就会犯错更少，从而更接近成功。思维陷阱是可以避免的，掌握正确的策略，是避开陷阱的有效手段。

本书通过对生活敏锐的体察，对众多实例的考察，援引诸多生活趣事、名人逸事、投资之道、交际实例、心理实验等，用通俗而生动的语言，直观而深刻地揭示了各种思维陷阱，帮助读者打破思维的局限，克服思维的障碍，学会冷静、客观、批判性、创造性地思考问题，并有效地沟通想法、说服别人，从而着重表达这样一个核心理念——思考是一门亟须学习并且可以学好的艺术。掌握好这门艺术，就能突破思考误区，避开思考陷阱，发挥思考优势，从而使人解决问题有良方，与他人沟通有良策，使目标和计划能得到他人的协助，进而打开事业成功的大门。

思维的艺术在本书中完全呈现，是不断反思、训练，改进自己的思维，还是抓住别人的思维弱点进攻，全在于读者自己的理解和掌握。

如果你想在纷纭繁杂的时代找到制胜秘诀；如果你想跳出喧嚣浮躁的人群，冷静达观地看穿真相；如果你想独立自主，不再受任何人的欺骗与摆布；如果你想熬过困顿期的黑暗，突破困境，成就一番事业——那么请打开本书，运用你的思考从书中寻找答案吧！

编著者

2019年1月

目 录

第一章

重启思维，找到适用于未来的新秘诀

在瞬息万变的社会，如果一味恪守前人的经验，形成僵化的思维方式，就会在思维定式中失去创新的机会。管理学大师汤姆·彼得斯认为：无论过去的成功秘诀是什么，它对于未来都是不适用的。所以我们一定要把思维“重启”，要让自己的思维更全新、更清爽、更灵活，从而让未来有更多的制胜把握。

所谓成功人生，不过是避开了思维陷阱

“你只看见别人富，没看见别人的努力程度”，以前我也相信，只要努力就一定能成功。但随着年岁的增长，经历的世事越多，我越发觉努力不一定能让人成功，思维方式才能决定人的命运。

在对待具体问题上，人与人的思维往往相差无几，但是由这些细微差别导致的结果却可能有天壤之别。我们不难发现，本来实力相当的同学，在若干年后，有的功成名就，有的穷困潦倒；一起上班的同事，有的工作起来得心应手、步步高升，有的却举步维艰、处处碰壁……为什么在同样的环境及条件下，有的人能抓住机遇，一步登天，而有的人却犹豫徘徊，始终被阻挡在成功的大门之外？这里或许原因众多，但思维方式的差异绝对是其中的一个重要原因。

人的思维不同，主观能动性的发挥就不同，最终的结果也就大不相同。有的人虽然一穷二白，却因为具备优质的思维白

手起家，成就一番事业；有的人即使坐拥金山，但由于思维落后，最终导致家道中落、一败涂地。

我们对一些成功人士的事迹进行深入分析后，发现他们的思路与众不同，他们不好赶时髦，也从不追逐什么热点，但常常能获得成功。这些人就是靠正确的思路做大了他们的事业，收获了财富。

中国奶业的领军人物、蒙牛创始人牛根生，在回首往事时，不由得发出这样的感慨：“我的切身体会，做市场缺钱不要紧，但是绝对不能缺思路，有思路才会有财路。”想当初，他这个奶业老大伊利集团的副总，被迫离职下岗；之后他以区区百十来万元的小本钱启动创业，最终打造出年销售额高达数十亿的高端企业。当我们面对这样的商界奇迹时，不得不好好思量一下牛根生上述话语中的深长意味。

大量的事实证明，古往今来，许多成功者往往既不是最努力的人，也不是知识最渊博的人，而是一些最善于思考的人。古今中外，凡取得重大成就的人，必定是在其职业领域内摸爬滚打中留下了大量思考足迹的人。可以说，所有的计划、目标和成就，都是思考的产物，思考是人生中一笔难能可贵的财富。世界著名成功学大师拿破仑·希尔在遍访当时美国最成功的500多位富翁之后得到一个结论："思考即财富。"

财富源于思路，思路"点石成金"的效果可为人们带来无穷的商业机会和价值。石油大亨洛克菲勒说过这样一句名言："即使把我全身剥光，一分钱也不剩，扔在沙漠中心，但只要给我一点时间，并让一支商队路过，用不了多久，我又会成为亿万富翁。"

赢得一切、拥抱成功的关键，就在于你能不能积极地思考、科学地思考、持续地思考。爱因斯坦通过10年的沉思，建立了狭义相对论，他说："学习知识要善于思考、思考、再思考，我就是靠此成为科学家的。"

不用怀疑，思考就是有这么大的力量。在逆境中多思考，会找到失败的症结，克服难题，取得业绩；在顺境中多思考，能保持清醒的头脑，让自己稳健前行。职场如战场，善于运用思考，可以使我们更好地"秀"出自己、发挥自身的能力，获得更多晋升加薪的良机。

其实，生活中的大多数人都能领悟到思考的重要性，且并不缺乏知识与才能，也能勤勉地思考，但是他们往往欠缺正确巧妙的思考技巧。

人们的思想总会不自觉地受所处环境、知识和经验等的制约，因而人们的思考也不可避免地被局限在特定的、自以为非常合理的圈子中。一旦落入思维陷阱，人就会如同井底之蛙，只能看到一方天空，故步自封，找不到出口，被牢牢地套住了却仍浑然不觉。

制胜秘诀在于学会正确思考，成功之道在于避开思维陷阱。避开思维陷阱，能让人不再盲从妄动、因循苟且，让自己的每一天都能条理清晰，让自己的每一步都坚定有力，把事业做得风生水起，到达人生目的地。懂得思考之道，会帮助你找到人生新的起点；避开思维陷阱，成功将会离你越来越近。

你如果混得差，一定是缺少想法

看到别人非同一般的成功，人都难免陡生羡慕之情；羡慕之余，又难免有几分嫉妒，总觉得别人有不可告人的背景，反正都不是靠自己成功的。

其实这种心情是可以理解的，但未免有点儿以偏概全了，现实中有太多成功者靠的只是自己。生活中，同一个年龄段的人，因其所处的时代和所接受的教育相同或相似，所以，其看问题的角度及其想法也大体相同或相似。而很多人恰恰是从中跳了出来，生发出了不同寻常的高明想法，也正是这些想法，促使他们不可阻遏地走向了成功。

说起某某成功者，人们往往会津津乐道于他那不寻常的奋斗历程，却很少提及他当初在“怎么干”之前是“怎么想”的。而恰恰是“怎么想”对他日后的成功起了决定性作用。

没有做不到的，只有想不到的。可以说，一切成就、发明都是想法的结晶。现在怎么想往往会决定你将来怎么干，而不同的干法决定不同的结果。生活中，面对同样一件事、一个问题，不同的人会产生不同的想法，而正是这不同的想法决定了不同的事业走向，决定了人们日后在人生成败上的分野。

人与人之间原本只有很小的差距，但日积月累，差距越拉越大，常常会造成巨大的鸿沟。很小的差距指的就是想法的不同，而巨大的鸿沟就是成功与失败。

富人和穷人一开始几乎没什么区别，区别在于后天的思考。穷人往往不是不动手脚，而是不动脑子，这种坏习惯制约了他们走向成功的可能。很多人穷其一生都在受苦受累，究其原因，很重要的一点便是没有发挥大脑的功能，让头脑在懒懒散散中越变越迟钝。因为缺少思考，学业上无法精进；因为缺少思考，事业上屡战屡败；因为缺少思考，心态上很容易陷入消极的不良境地，以致无法自拔。

曾经有一家国际大企业在招聘中出了这么一道题：“以你的真实能力，你认为10年后，你的月薪是多少？你理想的月薪应该是多少？”

结果，那些回答数目奇低的应聘者全部被淘汰。其后主考官解释说：“一个人自以为10年后的工薪竟然和现在差不多或者高不了多少，这说明他对自己的能力抱有怀疑，他害怕自己走不出现在的圈子，甚至干得还不如现在好。这种人好自我设限，在工作中往往没什么激情，容易做一天和尚撞一天钟。他对自己的未来都没有信心，我们又怎能对他有信心？”

任何的限制，都是从自己的内心开始的。“心理高度”过低是人无法取得卓越成就的根本原因之一。很多人不敢去追求成功，不敢向高难度的工作挑战，是因为他们常常暗示自己：成功是不可能的。久而久之，他们便形成了惯性思维，以致失去了一次又一次机会。这样只能导致自己原地踏步，得不到很好的发展。一个人若想突破事业的瓶颈，首先就要打破心理的限制。

拿破仑·希尔曾经说过，一个人唯一的限制，就是自己头脑中的那个限制。要改变命运，就要先改变想法。无法走向成功的人不是没有好的机会，而是没有好的想法。

有什么样的想法，就会有什么样的命运。而在许多人生的转折点，一旦能调整思路、换个想法，也许就可以看到许多别样的人生风景，甚至可以创造出人生的奇迹。

作为一家五金商行的职员，沃尔伍兹一向都是积极肯干。当时他们商行积压了一大堆卖不出去的过时产品，这让老板十分烦心。沃尔伍兹看到这些，产生了一个新的想法，他想，如果把这些东西标价便宜一些让大家自行选择，肯定会有好销路的。于是他对老板说了这个想法。老板听了他的想法后同意了。于是他在店内摆起一张大台子，将那些卖不出去的物品都拿上去，每样都标价10美分，让顾客自行选择。这些东西很快就销售一空。后来他的老板尽量多找出一些物品放在这张台子上，也都很快销售一空。

沃尔伍兹又建议将他的想法应用在店内的所有商品上，但他的老板害怕此举会给他带来重大损失，因此拒绝了。于是沃尔伍兹决定用自己的想法来独立创业！他找来了愿意冒险的合伙人，经过几番努力，很快就在全国建立起多家销售连锁店，赚取了丰厚的利润。他的前老板后悔地说：“我当初拒绝他的建议时所说的每一个字儿，都使我失去一个赚到100万美元的机会。”

在任何时代，要想获得成就与财富，都要多思考，无论看到什么，都要多想为什么。这样自然能源源不断地产生新想法，而这些想法，很可能是你前途的新起点。

智者比愚人高明之处在于，他总会比别人多想几步。曾有人问爱因斯坦：“你的思维特点是什么？”爱因斯坦回答说：“如果让你在干草堆里寻找一根绣花针，你在找到一根之后可能就不会再找了，而我则要翻遍整个草堆，把散落在里面的所有绣花针都找出来。”多走几步，多思考几分，正是爱因斯坦的成功秘诀。其实，很多事情并不是你做不好，问题在于，你有没有好好思考过怎样去做。

只要你能养成多看、多想、多思考的习惯，只要你能比别人多走几步，比之前的自己多走几步，你就会发现，自己比想象中有能力得多，也会比别人收获更多的成功之果。

不会思考，学历再高也是徒劳

在决定一个人成功的因素中，财力、智力、学历都在其次，最重要的是思考能力的强弱。

有人认为在知识经济时代，只有高学历、高智商或某种有背景的人才能获得成功。诚然，高学历、高智商等是促使人成功的重要因素，但起关键作用的还是人的思路。否则就无法解释，一些只有小学、初中文化，也没什么特殊技能的人，是如何在短时间内发迹起来、把事业做大的。

有些人学历很高，但思维能力很差；有些人学历平平，但是思维能力很强。一个人很聪明或学历很高，只能说明他有创造的潜力，并不说明他很会思考。学历和思考的关系，就好比一辆汽车同驾驶技术的关系，你可能有一辆很好的汽车，但如果你驾驶技术不好，恐怕车再好也是白搭；相反，尽管你开的是一辆旧车，但只要你驾驶技术高超，就照样能把车开得很好。

一般说来，一个人所受的教育越多，他的知识也就越丰富，而丰富的书本知识则是创新的基础。可如果人只会读死书，不会活用知识，只限于从教科书的观点出发去思考问题，就不仅不会有什么好结果，反而会消耗自身的精力甚至财力。

在现实生活中，一个人如果不会思考，即使他有再高的学历，也会和成功失之交臂。一个人思路要是不对，智商再高也是徒劳，这时候他想法越多，结果越糟；而拥有了好的思路，就能够在迷雾中看清目标，在众多资源中发现自己的独特优势，从而更快更好地走向成功。

想尽快到达成功彼岸，就需要摒弃“唯学历为尊”的荒谬观点。否则便会助长一种知识势利倾向，并会使得另外一些人悲观失望。

之前有人曾语气绝望地问我：“我没上过重点大学，我这辈子还有希望吗？”我回答说：“当然有啊，你的未来还大有希望，千万不要悲观失望！”

我在学生时代，也曾认为学历非常重要，如果上不了北大、清华这类学校，人生前景也就一片黯淡了。如今，我却彻底认清，光凭学历并不能让人在职场的激烈竞争中获胜，真正能决定人职业前景的，说到底还是思考能力。

所以在这里我想说，你如果有可能上名校，就一定要尽全力争取；如果你没能去成名校，也不必悲观失望，不妨利用一切闲余时间增强自己的思维能力，这样的话，你在将来一样有机会打败甚至超越名校生。

在信息时代，一味苦学书本知识是不行的，我们最需要的技能是：学会如何思考，以及学会如何创造。一个人爱好学习，勤奋读书，就会学有所获；但学习的真正目的不仅在于记忆、存储知识，更在于增强思考力。如果不能灵活地对知识加以运用，总用固定的知识去面对多变的世界，我们就只能在现实的较量中一败涂地。

要试着在工作实践中汲取营养、提高自己。通过实践，使自己头脑中有限的知识成倍地转化为创造能力。

我们要与时俱进，训练思维，注重培养自己的创新意识，这样才能再造知识，将知识转化为有用的创造力。

方向不对，怎么努力都是白费

做事之前，一定要找准自己的起点和终点。如果没有起点，就会让你不知从何下手，容易原地踏步；如若缺乏终点，你就不知自己要何去何从，只会浪费宝贵的时间与精力，最终必将一事无成。

人一旦有了明确的方向，就会产生责任感、紧迫感和内部动力，从而促使事态向好的方向发展，甚至创造出奇迹。

人们在给自己定位的时候，容易对主客观条件认识不清，以致选错目标；有时也容易受到外界这样或那样的影响，以致选错职业。有的人本该有更大的作为，却因为听从了他人的建议，而选择了一个在世人眼中不错却不适合自己的工作，结果导致英雄无用武之地，真正的本事没法施展出来，甚至随着岁月的流逝慢慢地遗忘殆尽，变得与庸人无异了。

胡辉是某名牌大学的研究生，学的是计算机专业，毕业时一家国有企业执意要招收他，另外也有几家外资企业要聘用他，但他都不肯。他盯上了某政府机关。因为他早从前辈、亲友那里听了不少进国家机关的好处。虽然竞争异常激烈，但他通过一番周折终于如愿以偿，进入某机关做数据统计工作。他满心欢喜，对新工作充满了热情和向往。

胡辉生性奔放热情、活泼好动，擅长各种球类活动，在计算机的软件开发与应用方面更是无所不精。但职位却把他安排在大量数据的统计、整理之中。时间一长，他最初的热情逐渐消退了，变得心灰意冷起来。由于工作不断出现差错，他受到了主管领导的严肃批评。几年下来，他原来的专业知识非但没有派上什么用场，而且渐渐忘干净了，枯燥无味的工作又使他感到十分烦闷。当他得知当年的不少同窗好友都取得了可观的成绩，有的成为机关业务骨干，有的已有了自己的公司，有的则在国有企业中担任管理者时，他这位当年的计算机专业的高才生百感交集。虽然他也想过要调动工作，但专业知识已经难以补救了。又过了几年，他由于工作无甚起色而被迫下岗了，此时他才深刻地体会到“一着不慎，满盘皆输”的道理。

人最容易受外界左右，走上一条由他人指定的道路。这对于任何人而言都是一种悲哀。一踏入职场就需要懂得的是，要选好自己的方向。你最需要弄清的是，你所做的事情究竟是不是最适合自己的。

假如你朝着选择的方向前进了、奋斗了、付出了，结果却是令人失望的；那么，此时与其怨天尤人、悲观失望，不如停下来看看脚下的方向。要知道，在错误的方向上，不管你多么勤奋和坚持，都永远无法走出正确的道路。

假如你走在正确的道路上，即使走得慢一些，你也依然是在向自己的目标前进着；而如果你走在错误的道路上，就算你勤勤恳恳、一刻不停，也只是让自己越来越偏离目标而已。走在错误的方向上，还不如不前进。如果这个目标是盲目的，而你仍然要奋力向前，那么，你不但不能有所收获，还会给自己带来麻烦和灾祸，甚至会付出惨痛的代价。

所以，很有必要把思考当成自己每日的必修课：思考自己的方向是否正确，每天做了什么，是否有实质性效果。如果目标不适合自己，就要及时调整方向，然后给自己准确定位，努力去做更适合的事。

在向着自己的目标奋斗的过程中，为了让自己少付出代价，建议掌握以下要点：

遇事想一想是否与目标有关。明智者不会只知道埋头苦干，而是会不时地检验自己的努力是否和目标吻合，进而从较高的层次来进行思考，以便知道自己应采取何种行动。

如果客观情况发生了较大变化，原定的职业方向已经与当前的情况不相适应，就没必要仍固执地坚持原目标，否则就可能导致失败或无效。此时灵活地修正目标就成为必要的了。

如果你不清楚自己的前进方向，就很难到达任何地方；如果你不知道自己要什么，就别说你没有机会。

比勤奋更重要的是深度思考

很多人都在被一种美德束缚着，那就是勤奋工作，因而整天忙忙碌碌的，但这样是否一定会有收获?

机械地工作，毫无意义地忙碌，这是许多人的真实写照。他们坚信，只有忙碌才能让自己过上好生活！可结果呢?无数人已经证明，单纯地勤奋工作并不能如预期的那样给自己带来收获，并不能为自己带来想象中的生活，甚至会使自己的处境更糟糕。

只知埋头去做的人，也许他们勤勤恳恳、任劳任怨，也许他们技术熟练、态度认真，但他们却只能成为工作所需要的“人手”，而不是“人才”。因为他们只会用手操作，只会按部就班地去做，却从来没想过要用头脑进行工作。

要聪明，不要拼命。不仅要卖力地工作，更要巧妙地工作。每一个想成为“人才”者，都要努力做到：用脑去想，用心去做，更有技巧、更有效率地工作。

深度是触及事物本质的程度，深入理解事物本质是深，只了解事物表面是浅。时下，信息爆炸，人们每天都忙着看手机、上网，自认为所获颇丰，却从来没有进行过深入思考。很多人就此迷失了自己，不知道自己在干吗，只知道走一步算一步，浑浑噩噩地度日。脑子是一个很积极也很有惰性的东西，如果你不给它安排一些任务，它就会慢慢消沉下去，不再做任何的思考，进而变得越来越迟钝。人的思维一旦变得懒惰起来，整个人就会变得肤浅，遇事浅尝辄止，导致事情没进展，以致身心焦躁难安。唯一的解决之道，就是进行深度思考，给予脑子当头一棒，逼迫其清醒过来。

不能深刻思考的原因之一是知识单薄、见识短浅。对于各种问题的思考往往会涉及方方面面的知识，所以不但要努力成为本行业的“专家”，更应成为一个“杂家”，要尽量掌握些本行业之外的相关知识。只有这样，在面对问题时，分析评价与归纳总结起来才会在情在理、得心应手。

对于问题无法进行持续的思考，是思考没有深度的重要原因。对于一个问题，很多人往往是只思考了几分钟就已经觉得很烦了，于是就此让思考停在了浅层。

要想进行深入思考，得让问题在脑子里多“浸泡”，散步的时候、等公交的时候、上卫生间的时候……都可以将问题拿出来品一品。充分利用各种时间思考，你的思考时间比别人长，获胜的把握自然也会大一些。

在工作中，要想解决重重问题，取得骄人的成绩，必须得深思熟虑。因此，做每一件事情都要用心，争取“第一次就把事情做对”。例如，工厂的某台机器出现了故障，有些师傅只是做一下简单的检查和修理，只要机器能正常运转了，就算完事儿了；而有些师傅，却能够第一次就对机器来一次全面的清查，把所有的隐患统统清除掉。一次做对，将节省重做的时间、精力，因而将产生最大的效益。把事情一次做对，能受到领导赏识，增强你的职业竞争力。

经常对以下问题多问问、多想想、多用点心，结果就会大不一样。

——我的工作应该这样做吗？还有没有改进、改善的余地？是什么在影响着工作进度？是什么在影响着工作效率？我应该为工作做哪些准备？

先把这些问题想清了，然后着手去做。

我们还要勤奋吗？当然需要！但不是忙着制造问题或者改正错误，而是忙着创造价值！

看清套路：事物的表象不代表美好人生

任何问题的发生、好事的开端、祸事的降临，总会有预兆的。会思考的人带有一双慧眼，总能通过一些蛛丝马迹，看到问题的实质；从问题的苗头，看到问题的发展趋势。而不会思考的人、看问题浅薄的人，只能停留在外表现象上，被问题的表象所蒙蔽。

有时候我们对问题认识不深，往往是由于不注意观察细节，仅仅了解个大概就不往深里追究了。其实，事物的本质都是被一层一层的表象包裹着的，如果不注重细节，不追根寻底，容易将事物呈现的表象当作事物的本质，这就会误导自己、耽误事情了。

肯德基进驻中国市场之前，曾派了一位职员来考察市场。此人来到北京街头，走马观花地看了一遍，发觉行人的穿着都不怎么讲究。于是，他仅凭直观感觉就得出了结论：炸鸡在中国无市场，因为消费水平普遍较低，人们根本没有闲钱买炸鸡，即使能卖出去一些，也无大利可图。结果，他由于这番不负责的言论，被公司以不称职为由降职处分。

很快，公司又委派了一位职员来北京考察。他先是散发传单，诚意邀请了500位不同年龄、职业的人前来免费品尝炸鸡，然后向这些人详细询问他们对肯德基的味道、价格、店堂设计等方面的意见。随后，他还对北京的鸡源、油、面、蔬菜等方面的情况进行了详细的调查。经过一番认真分析后，他得出结论：肯德基可以打入北京市场。这里的消费群巨大，可以采取薄利多销的策略赚取可观的利润。总部认可了他的结论。果然，北京的第一家肯德基店开张不到一年，就赢利几百万元。

思考是一切行动的依据和基础，如果思考过于肤浅，不能透过表象看本质，就必定会被表象牵着鼻子走。因此，思考绝对不能局限于表面，从表面上解决问题容易“治标不治本”，这次解决好的问题，下次还是会出现。很多问题的实质都是隐藏在表象后面的，所以我们要学会刨根掘底。要想成功，就一定要抓住问题的实质，然后对症下药。

巴菲特被世人尊为“股神”，据说，他买哪只股票，哪只股票就会大涨。其实他也不是什么神，也曾经投资失败过，损失惨重过。他后来之所以预测那么准，是因为他比别人更能下功夫深入地分析思考。一般人炒股，往往只盯着大盘曲线和数据，他却时刻关注着这些东西后面那些政治、经济的变化，大脑不断地思考它们之间的微妙关系。长期坚持这样的精密思考，使他形成了一种准确的判断力，成了令世人羡慕的“神”。

事物的本质往往依靠表面呈现的东西而作用，没有完全脱离表面的内在。从事物的表象，就能预测事物的发展趋势，这是一种见微知著的能力。智者之所以能够预测未来就在于能够见微知著。

有的公司进行人事招聘，如果涉及一些数学计算题，有些主考官最关心的往往不是应聘者答对了多少，而是看似与题目无关的一些问题，他们很有可能从一些其他细节中找到他们想要的答案。例如，他们可能会注意应聘者对于草稿纸的使用情况，从中透析出一个人的个性特征和工作作风，从而根据这些信息选拔适合不同岗位需要的人才。

成功就源于一双会观察、会发现的眼睛，凡事能看得深入、看得透彻。例如，有一天你到了乡下，看到一个破盆子，不以为然地就踢到了一边。明智者却一眼看出，在黑乎乎的泥灰的包裹下，有几道浅淡的黄色印痕，由此推断这是一个“黄金盆”，没准儿还是哪朝的御用之物，于是他就发了。此时你肯定会嗟叹吧，可这又能怪谁呢，谁让你没长就一双慧眼呢？

所以说，对事物的观察不要限于一般的潦草观看，而要仔细、耐心、有步骤、有选择地考察和了解。在仔细观察的基础上，必须进行深入分析。分析问题不能只从表面着手，要从现象看到本质。这样可以从平常的现象中发现不平常的东西，可以从表面上无关的东西中发现相似点。只有这样才能引发深入思考，形成创造性的认识。你将因此比他人获得更多的有用信息和成功筹码，也能避开各种有形和无形的陷阱。

看待任何事件，都要透过现象看本质，理清它真正的前因后果，千万不要被此事件的表象、伪饰、无关要素等影响了判断。否则，就容易落入思维陷阱、人生圈套。

人生路上，诱惑多多，看似馅饼，实则陷阱。我们有时会遇到别人对我们甜言蜜语，给我们种种好处的情形。甜言蜜语使人十分舒适，而种种好处更使人陶醉。然而，最甜蜜的言行、最诱人的好处，也许是最深的陷阱。这就需要我们保持清醒的头脑，精于辨别，勇于放弃。

目前社会上骗子众多，伎俩繁杂。纵观种种骗术，大多是利用人性中贪图非分之财的弱点来行骗的。如善意的面孔背后往往藏着恶心的要求，如赤裸裸的交易，如送上门的好事……一旦你有所企图，骗子就会抓住你的贪欲，让你主动跳进他们事先设计好的陷阱。

面对飞来的横财、平白的赠送，一定要冷静处理，不可贪一时之小利而上当受骗失了大财，不可贪图一时之享乐而使自己身败名裂。无故让你得，就是有意让你失，这样的人不是在利用你，就是在欺骗你。在风云莫测的生意场上，相信人是应该慎重的。收下免费的午餐，就得收下伴随而来的诸多麻烦，这就叫“吃不了兜着走”。

天上如果掉馅饼，不是圈套就是陷阱！要想不掉入陷阱，就要冷静对待每一件事情，时时保持清醒的头脑，和诱惑保持足够的安全距离，这样才能顺利绕过人生路上诸多私欲的陷阱。

善于放弃才能迎来新转机

坚持是一种良好的品质，但并不是凡事都需要执着，有些无意义的坚持只是白费力气，只会使人一无所获。

在现实生活中，确实有一些人在做着无谓的坚持，由于方向不正确，结果每每走进死胡同，把大好的年华白白浪费了。在人生的关键时刻，执着固然不可缺，但转换方向有时更会有别样收获。我们要想使自己有所发展，就要及时调整自己的方向，然后给自己准确定位。

现实生活中，总是有人一条路跑到黑，并不管不顾、费尽力气，却总是得不到尽如人意的结局。明智的做法是在没有撞得头破血流之前，及早改变人生的航向，让人生没有累赘、轻装向前。

在成为一名心理咨询师之前，小波是一名英语老师，先后在不同的培训机构从事英语教学工作。虽然他逐渐对英语教学工作失去了兴趣，讲课时也提不起精神来；但他觉得自己在英语培训方面实在是已付出了太多，并且已经有了一定的积累，因此他不愿考虑其他的职业。就这样，他继续痛苦地教了很长一段时间的英语。

直到后来小波在英语教学工作上实在难以为继，而且身体状态都受到影响，这时候，他才下定决心考虑其他职业的可能性。经过一番考量，他慢慢把职业方向转向了心理学。经过一段时间的尝试，他有了许多收获，昔日的热情也回来了。这时他才后悔转型得有些晚了，平白耗费了好几年的宝贵时间，并且经历过若干个失眠的夜晚。他觉得，如果当初自己能勇于取舍，及时转型，那么现在一定可以在心理学的道路上走得更远一些。

在决定前途和命运的人生紧要关头，我们不能犹豫，不能徘徊，而必须明于决断，勇于放弃。如果你已走入一条死胡同，就应赶快放弃。必要的回头，会给你带来新的发展契机。

其实我们大部分人，都有一个思维误区，就是认为做事情要从一而终、坚持不懈；认为一旦确定要去完成一个目标，如坚持戒烟、坚持减肥、坚持跑步、坚持读书等，就只能不断坚持，绝对不能放弃。倘若过程中因为某种原因而中断，那么就会有强烈的半途而废的挫败感，仿佛所有的努力顷刻间都付诸东流了。我们由此陷入了一种心理误区，困扰身心，无力自拔。

还有一个导致人们不能适时放弃的心理因素在于——对沉没成本的顾惜。人们往往会对明知会失败的事情继续坚持，在明知某事没有好结果的情况下仍做下去、错下去——因为他们已经沉没成本了。举例来说，某人将大半的积蓄投入一笔生意，几个月后，各种进展不利，形势已使他认清，这必将是个亏本买卖。对于意识清醒的人来说，此时自然应当及时终止生意、缩减损失。但实际上由于他已经孤注一掷了，所以往往会决心将其进行到底，并可能会追加资金如期挽回败局，结果导致越陷越深、无力自拔。

炒过股票的人可能对此体会最深：当所买的股票开始上涨，已经赚钱时，出于贪心往往都舍不得卖出，就想着还会再涨的，再等等吧；当股票开始往下跌时，就会想我前段时间在那个高点都没卖，现在卖只赚这么点儿钱，太亏了，还是等涨回点儿再说吧。从心理上来讲，人们觉得只要还没有卖出，就还有机会回本。结果愈跌愈深，小套变大套，大套变深套，最后不知不觉就成了套牢一族。不只是炒股，太多事情皆是如此，某件事情做到一半发现不值得做下去了，不是停下来思考，而是硬着头皮做下去。“做都做了”“投都投了”“花都花了”，都是我们用来拒绝放弃的借口。

对于股市高手来说，制定一套严格的止损制度是必须的，我们做别的事也不妨如此——要预先设定好“止损点”，一旦到达，就坚决放手，平静地投入下一件更值得的事情中去。

醒醒吧，爱拼不一定会赢！如果你一直在做着无谓的斗争与努力，就像是已经坐上了反方向的汽车，还要求司机加快速度一样。有许多人，就因为一生都想走最短的路，结果每每走进死胡同，使自己狼狈不堪，甚至头破血流、无功而返。此时，就极有必要果断取舍、坚决放弃。在必要的时候只有放弃，才会柳暗花明又一村。倘若失业者肯放弃头脑中僵化的择业观念，何至于整天东奔西跑、没着没落？倘若失恋者肯放弃那个已和自己无关的人，何至于把自己弄得失魂落魄、萎靡不振？倘若炒股者肯放弃“可能会涨”的侥幸心理，何至于血本无归、倾家荡产？其实理智的退让是一种明智、一种洒脱，也是一种人生的领悟。

你已经付出了多大成本并不是最重要的，最重要的是现在的形势已经不允许你再坚持了。理智一点吧，听听巴菲特的告诫：当你发现自己深陷洞中的时候，当务之急就是不要再挖了。

第二章

避开思维陷阱，方式优化是捷径

规避思维误区需要优化思维方式。我们不能偏执于一种思维，而应学习和训练多种科学的思维方式。当你遭遇困境、碰到难题、走入绝境时，换一种思维方式，往往能取得柳暗花明之效。努力改变单一的思维习惯，会开拓一片广阔天地，会使事业呈现崭新生机。

从单一到多样：看到黑白之外的世界

单一思维是一种直线思维，其特点具体表现为遇事非黑即白、非对即错、非好即坏等。

小时候，我们受周围人的影响，总爱给事物贴上各种标签，而比较常见的有：他是“好”的，我该向他学习；他是“坏”的，我该远离他。

久而久之，我们变得很难再以客观的眼光来看待周围的一切。当我们进入社会后才会发现，“好人”和“坏人”的区分并没有那么泾渭分明。好人也并非全身都是闪光点，坏人也不至于坏到一无是处。有时候好人也可能办坏事，坏人也会做好事。而这正是需要我们用客观的眼光来看待的。

我们每天都在做“好”或“坏”、“对”或“错”的选择，为此是免不了一番分析的。那么，我们的分析到底对不对呢？

说个旧新闻吧：在一个“心酸”儿童节，一位贫困妈妈偷鸡腿、杂粮和书给生病的女儿，结果，被保安当场搜出。如果按照我们“非黑即白”的逻辑，这位母亲是所谓的“好人”还是“坏人”呢？

站在伦理的角度，她是错的，她违反了社会公德。但如若站在一位母亲的角度，她只是出于为人母的关爱孩子的本能，好似也不必过于谴责。

先别急着对此事做最后的定论，我们再来思考一个公众问题：“黑煤矿是否应该取缔？”

或许会有许多人毫不犹豫地说“是的”，因为黑煤矿的安全隐患太多，直接导致了一幕幕家破人亡的惨剧，还有什么存在的必要呢？但不知你有没有想过，如果黑煤矿真的那么十恶不赦，为什么还会有那么多矿工接踵而至呢？

答案很简单，因为黑煤矿是穷苦无能者可以选择的为数不多的“好”工作。如果不做矿工，他们就无以为生、无法养家了，孩子就再也无法上学。

那么黑煤矿到底是否应该取缔呢？回答“是”或“否”都未免显得偏激。谁说世上只存在“是”与“否”两种选择呢？

我们完全可以找到更好的解决办法。例如，设定一套考核标准，督促煤矿主的安全设施到位，并且，如果他们能为矿工提供高额的人身保险的话，那么这些煤矿就是被允许的。

单一思维，会让我们的选择总是被束缚在非此即彼的牢笼内。但在是和非之外，还有第三种、第四种可能性，而这诸多可能性能够拓展我们的视野，把我们带到完全不同的方向。只有运用多元化的思考方式，我们才能客观思考，避开思维的误区。

白岩松在《白说》里说，“世界并不是非黑即白的”。世间事物千奇百怪、变幻莫测，仅用单一的思维模式是不足以应对复杂多变的世事的。以单向思维去看世界，正如一位医生用事先开好的药方去对付各种不同疾病的患者，结果是可想而知的。

人一旦陷入单向思维的框框里，脑子就会僵化，这是很可怕的。反之，一个人一旦懂得运用发散思维，很多困难和问题就能迎刃而解。发散思维实际上就是一种“拥抱多样”的思维。发散能使我们的思维更加开阔，能使我们的心灵更加开放，能使我们的选择更加多样。

下面我们来做道测试题：请你在3分钟之内说出红砖的用途，你的回答会是什么？“盖楼、建墙、铺路面、建花池……”尽管你说出了砖头的好多种用途，但始终没有离开“建筑材料”这一大类。其实，如若我们懂得从多个角度来考察红砖，便会举出如垫桌子、砸钉子、锻炼身体、画线、做标志等诸多其他用途。这种从尽可能多的角度观察同一种事物、不受任何限制的思维方式就是发散思维。

发散思维又称求异思维，它是从一个思维起点出发，对问题进行多方位、多角度、多层次、多关系的思考，能突破点、线、面的限制，沿着不同方向来探索问题、提出各种设想、寻找各种途径、解决具体问题的思维方法。很多用单一思维办不到、不可能实现的事情，如若运用发散思维去思考，往往就能办成。

因此，看事物不能用一种眼光，而要多角度、多方面地去观察对待。为了寻求某个问题的答案，我们可以通过求同、求异、组合、分解等方法，充分运用发散思维，寻求多种多样的方法和结论，从而创造出一种更新更好的事物、产品或观点。

例如，单一思维者认为做任何事情只有好与坏这两种极端结果，容易纠结于其中，有种做事毫无意义的感觉。怎样解决这个问题呢？你不妨用发散思维来考虑这个问题。

事情的好坏都只是一种结果，在处理事情的过程中，你是否得到了锻炼？有没有总结出一些经验和教训？这些对你日后的工作和生活都是极有启发作用的。不要纠结于结果，在过程中有所收获，你就成长了，就值得了。

单一思维的人目光短浅，不能对事物从长计议。他们在事后归因时一向非常偏执，如房价跌了是因为“经济泡沫”，非洲政局混乱是因为“美国想要霸权”。但事实上，某一件事情的原因往往不止一个。

在我上学的时候，曾经有位阿叔总是对我说，早点辍学出来工作赚钱有多么好，而不必总是傻待在学校里，既费时间，又费钱，还加重家庭负担。当时，我一想反驳他的时候，他就会举出身边的或者报纸上的那些小学毕业后混成大老板的例子。我立时就卡壳了。

多年后的今天，我已找到充分的反驳理由了，我想对那位阿叔说，你这其实是一种点对点的论证方式，用个别或者极少数的论据来推理出论点，你这种推理方式往往是经不住推敲的。

在各种辩论或创新活动中，单一的视角是没有出路的。为此我们必须学会适宜地转换视角，从多视角去观察事物，以便找到新的突破口，出奇制胜，取得意想不到的成功。

总之，掌握和运用好科学的思维方式，努力改变单一的思维习惯，往往会给工作和生活拓开广阔天地，会使事业呈现崭新生机。

从正向到逆向：快速发掘机遇，牢牢把握机遇

有一句话说得好："横切苹果，你就能够看到美丽的星星。"这说的就是逆向思维。

逆向思维又称反向思维，它是从事物的反面进行探索，是对习以为常、已成定论的观点反过来思考的一种思维方式，它是对传统、惯例、常规的反叛与挑战。正如新闻记者罗伯特·怀尔特所说："任何人都会在商店里看时装，在博物馆里看历史。但是具有创造性的开拓者却是在五金店里看历史，在飞机场上看时装。"

事物总是千姿百态、多种多样的，由于受传统经验的影响，人们往往只关注其熟悉的方面，对于不熟悉、不了解的方面往往视而不见。逆向思维能克服这一弊端，往往能出人意料，给人耳目一新的感觉。

逆向思维敢于"反其道而思之"，让思维向对立面的方向发展，从反方向深入地进行探索，从而破除由经验和习惯造成的僵化认知模式，创造出新思想，树立起新形象。

我们知道，对于很多大的商业机会，如若一味从正面挖掘，往往一无所获，对此，我们不妨从侧面动动脑筋，顺向行

不通了就走走逆向，从相反方面多想想，没准会独辟蹊径，取得意想不到的成功。

在工作实践中，我们不妨运用逆向思维来思考和处理一些事情。如果你对某问题百思不得其解，非常伤神，一时间怎么也无法寻求到合理的答案，那不妨倒过来想想，没准儿就会使你豁然开朗。

逆向思维有助于我们更全面、更深入地思考和挖掘事物发展的本质规律，有助于我们获得成功，甚至会达到出奇制胜的效果。

一般的玩具生产厂家，其设计都遵循常态，力求造型美观、色彩鲜艳，然而美国有家公司却一反常态地构思、设计出一种风格迥异的丑狗，它外皮皱巴巴的、显得很丑陋，丑中还透出一丝憨态。这种风格迥异的丑狗引起了人们的猎奇心，人们觉得花点儿钱抱一只奇异的玩具狗回家是值得的。因此，皱皮狗一上市就成为了畅销产品。

在工作生活中不能认死理，这头不通就要灵活地走那头。换一种思维，就能从另外一个方向深入思考，从而把不利变为有利，把弊端变为新奇。把问题倒过来看，能帮助你解决难题，找到发展的新转机，也能使你改变心态，找到生活中的快乐。

从热门到冷门：从被人忽略的事物中赢得先机

当你在前进的道路上遇到阻碍而无法前行时，要敢于设法突破。冷门思维可以让你避免“千军万马过独木桥”的艰难竞争，从而另辟蹊径，因获得先机而更易取胜。

所谓冷门思维，就是指专门从被他人冷落、忽视的事物中寻找成功机会的一种思维方式。

可以说，冷门思维是成功者最常用的武器之一，也常常是一些创业者的首选。这已得到了许多的实例验证。举世闻名的亿万富翁霍英东，当年就是靠冷门思维而逐渐发迹的。

香港作为世界上举足轻重的经济贸易港口之一，建筑业发展速度很快。因此，建材市场一片火爆，但其中的海沙市场却很少有人问津。原因是，从海底淘沙用工量太大、利润太少，由此在建材市场留下了冷点空间。霍英东详细分析了该市场的需求潜力和发展前景，分析了改进作业方法、提高劳动生产率等的可能性，做出了冷门入市的大胆决策。随后，他说干就干，派人到欧洲引进了现代化的大型淘沙机船，它20分钟就可挖出2000吨沙子，沙子进船就近卸货，大把钞票就到手了。很多人看到霍英东“发”了，急忙奋起直追……可是，已经晚了一步，此刻霍英东已经取得香港海沙供应的优势地位了。

据调查，很多人都是依靠冷门思维发家致富的。有相当一部分成功人士在起步时，可以说啥也没有，但是他们硬是靠冷门思维发现了商机，为自己找到了致富之路。为什么冷门思维有这么好的效果呢？因为冷门情况下竞争者较少，投入成本也较低，只要投入少量成本，往往就能获得较高的投资收益。再者，市场冷清时，无人争抢，因此，思考问题或选择投资项目、投资品种都可以从容地进行，这样失误就会相对减少，成功的机会就会增多。冷门思维适用于任何人，每一个人都有可能依仗冷门思维走上成功之路。

冷门思维会给我们带来巨大的利益，会打开不可思议的机会之门。对于追求成功的人来说，机会是平等的，就看你愿意不愿意运用“冷门思考”的武器，去发现机遇，把握机遇，攻克成功路上的难关。

激烈的市场竞争中，填空当是冷门思维的一种。寻找商机时必须要有眼光和灵活性。别人横着站，你不妨侧身而立，利用好别人剩余下的空间，你完全可以“见缝插针”，站得更安稳牢靠。

巧妙地利用市场空白，不失为捕捉商机的绝佳方法。聪明人总是能够不失时机地利用市场空白来达到积累财富的目的。他们能发现别人忽略或根本不知道的机会空间，并且善于利用开拓。他们能独辟蹊径，从小路杀到大路上。由于少了竞争和阻力，他们往往能比别人更有优势，因此也能领先一步。

在市场经济中，无论是繁荣时还是萧条时，都存在着大量的发展机遇。如今的市场经济会时不时受到各种冲击，它不再是一张严密的网，而是会越来越稀疏，露出越来越多的缝隙甚至漏洞，而这些缝隙和漏洞恰恰就是这个时代的勇士们新的生存和发展空间。关键是要培养你的嗅觉，练就一双慧眼，在激烈竞争的夹缝中找到一些被人忽略的盲点，看准其中蕴藏的商机，乘虚而入，果断出击，一跃成为财富新贵。

在经济大潮中捕捉机遇，在竞争夹缝中拓展财源，在市场空白中巧妙地填空当，就完全可以白手起家，实现自己的财富梦想。

从死板到变通：以变化思维为途径通向成功

智者可以把复杂问题简单化，愚人可以把简单的问题复杂化。事实上，解决复杂问题时能够化繁为简，就是一种变通能力。

埃及人想知道金字塔到底有多高，但金字塔又高又陡，无从下手，根本无法测量。无奈之下，他们向泰勒斯（古希腊著名哲学家）求救，泰勒斯痛快地答应了。一天，他来到金字塔前，让助手垂直立下一根标杆，不断地测量着标杆影子的长度。开始时，影子极长，随着太阳渐渐升高，影子的长度越来越短，终于，它与标杆的长度相等了。泰勒斯急忙告诉助手说，测出金字塔影子的长度！得到准确数值后，泰勒斯告诉在场的人：这就是金字塔的高度。

泰勒斯的思维极具变通性，他能迅速灵活地从一个思路跳到另一个思路，将复杂困难的问题转换为简单容易的问题，将生疏的问题转换为自己熟悉的问题，从而轻松解决了难题，达成心愿。

变通思维的关键是要学会变，路走不通时要变，路不好走的时候也要变。变则通，通则赢。变，这是肯定无疑的了，但是从哪些方面进行改变呢？形式、内容、方法、概念等都可以变，可以因人而变、因事而变、因时而变、因地而变。

任何时候，都不要以一成不变的眼光看问题。尤其是面对一些困难问题时，当一条路走不通或者付出的成本太大时，不妨改变一下思路，从原有的思维框框中跳出来，进入一个新的思维框架中去思考。一般来说，变通思维用好了，就会收到“柳暗花明又一村”的奇妙效果。

在一次欧洲篮球锦标赛上，保加利亚队与捷克斯洛伐克队相遇。二者旗鼓相当，一时间难分胜负。当比赛仅剩下8秒钟时，保加利亚队以2分领先。但是，那次锦标赛采用的是循环制，保加利亚队必须赢球超过5分才能取胜。可是想用仅剩下的8秒钟再赢3分，几乎是不可能的。此时，保加利亚队的教练突然请求暂停。许多人对此举不以为然，认为保加利亚队大势已去，翻盘已是不可能的了，教练即使有回天之术，也很难力挽狂澜。

暂停结束后，比赛继续进行。这时，球场上出现了令人意想不到的事情：只见保加利亚队员突然运球向自家篮下跑去，并迅速起跳投篮，球应声入网。这时，全场观众目瞪口呆，全场比赛时间结束。当裁判宣布双方打成平局（保加利亚队被罚2分）需要加时赛时，大家才恍然大悟。保加利亚队这出人意料之举，为自己创造了一次起死回生的机会。加时赛的结果是，保加利亚队赢得了6分，如愿以偿地出线了。

上面的故事告诉我们：解决难题不能仅有一条思路，这极容易陷入困境；变通一下思维，换个新角度思考问题，将问题转换一下，大有可能得到令人惊喜的收获。

遇到难以解决的问题，千万别钻牛角尖，与其死卡在那里，不如把问题转换一下，将他人的问题转换为自己的问题，将自己生疏的问题转换为自己熟悉的问题，等等，从而化难为易，达到解决问题的目的。

无论是解决新问题还是对旧问题寻求新的解决方案，都可能遇到难以逾越的障碍，此时，想要直接取胜已不可能，另辟蹊径绕个弯路，是非常明智之举。善于改变自己的思维，不按照常理去想问题，就会取得非同一般的成效。

遇到难以克服的障碍或非常强大的对手时，如果估量自身实力远远不及，一时无法去打垮、战胜它，就千万不要一味地直线前进、盲目进攻，否则不是碰壁，就是徒劳无功，甚至头破血流，以惨败收场。有的时候，若想真正解决问题，就不要一味地去撞墙，而要学会在合适的地方打开一扇门。一般化的措施不起作用时，不妨选择借助其他方法，迂回曲折地走一下弯路，就能巧妙地解决问题。

想要跨越生命中的种种障碍，迈向未知的旅程，就需要有灵活变通的智能与勇气。人生中总是充满着无数的未知，只凭一套生存哲学便欲强度所有的关卡是不可能的，学会变通是跨越人生障碍、超越自我的重要一步。只有拥有了灵活变通的思维能力，并将之与具体行动相结合，才能快捷便利地到达自己的目的地。

从消极到积极：让自证预言对自己有利

这是一个精英辈出、大腕闪耀的时代，金光闪闪的他们是那么强势和张扬，常常让我们的心无处安放，让敏感脆弱的我们自卑、迷茫而无所适从。也许有太多人说你不会成功、你生来就是当陪衬的料，对这些闲言碎语，你就算再想置之不理，恐怕也躲避不过去，因为自证预言就在那里。

很多时候，失败并不是因为没有能力或者缺少实力，而是因为，在周围其他人或外界环境的影响下，很多人开始在心里产生消极的自我暗示，从而打乱了内心的平衡而无所适从。

想必大家一般都会有这样的经历，即当你相信某件事情会发生——实际上那件事情原本会发生的概率并不大——此事最终往往真的会发生，这就是自证预言在起作用。

自证预言是一种心理学症状，意思是一个人会不自觉地按照自己内心的那个预言行事，最后预言成真。例如，如若你自认不是学习的材料，那即使有时间你也不会用来学习，因为你认为学了效果也不会好，考试时还会是一团糟，然后，面对一塌糊涂的成绩，你不禁对自己说:“我果然不是一个读书的材料！”

再如，你自认为没有变成瘦子的命，所以，即使有方法减肥你也不会采用，结果你的体重一直稳居不下。然后你就对自己说：果然我注定就是走丰满路线的!

考研的人当中，平时坚信自己能考上并一直信心十足的人基本上都如愿了；平时唉声叹气、觉得自己不行的人竟然真的大都没有考上。这种现象可真够诡异的，用一句话来形容就是——你最终会变成你想象中的样子。

消极的自证预言会导致很严重的后果，而积极的自证预言能促使人发挥潜能，走向成功，正如罗伯特·罗森塔尔的实验所证实的。

罗森塔尔和同伴访问了一所小学，告诉老师他们将用一种科学方法来准确地预测学生中的哪些人将来会成为“天才”——当然，这种测试方法其实是不存在的。研究者随机挑选了一些“天才”小学生。之后，老师们不由自主地对这些学生更加上心及关注，不自觉地对自证预言起了推动作用。果不其然，在学年末学生们参加一个智力测试时，被视为“天才”的学生，因为平时得到了老师更高的期许及赞赏，其智力水平明显提升，均高于其他学生。

自证预言在现实生活中被频频验证，这是心理暗示造成的结果。当你觉得一件事对你没有好处或者成功的概率较小，那么你显然不会在这事上投入太大的精力，即你的动机会弱化。当你觉得一件事很难做好，那么你将会注意到这事的诸多难点，一遇阻就容易马上放弃。当你觉得自己不行的时候，你便会刻意寻找不利讯息，不利讯息越多，心情就越加焦虑不安，行动越加消极，最后越容易诱发一系列坏事情的发生。消极暗示不光影响人的心理，还会影响人的生理。有位老太太，一次偶然得了点小病，但由于她的不知情的朋友们每天都要去探望她两三次，她便开始怀疑自己患了不治之症，于是开始变得焦躁、萎靡、缺乏食欲，这导致她的病情迅速恶化，没过多长时间，她就在消极的心理暗示中精神崩溃而死。

与之相反，当你觉得自己能行的时候，你会找寻更多的正面讯息，百般努力，积极争取，这会使人打破各种束缚，充分发挥潜能，从而增大成功的概率。

人的一生，经常会受自证预言的左右，而很多人因为心态消极，对自己产生了不好的影响。所以我们应该保持积极良好的心态，绝不能让消极暗示扭曲自己的人生。

生活中，如果你认为自己做不了某事，你往往会做都不做就轻易放弃了。这固然让你轻省了，但许多机遇也白白流失了。这种裹足不前的消极想法，会让我们原地踏步，无法突破自我。

不如换一种想法吧，遇事就告诉自己，我想我可以，只要努力去做就会有收获。即使失败了，你也可以从中学到一些经验，然后可以再继续尝试。换一种积极的思维方式，迈开第一步，你也许会到达你从未奢想过的目的地。

因为生来贫穷，人很容易自暴自弃。最为致命的是，一旦产生这种想法，认为自己此生没什么希望了，就会不愿意再付出什么努力，结果真的陷入贫穷旋涡里。

也许你并不贫穷，但是心理上的种种自证预言，你摆脱了吗？可别再说“可我只是个新来的呀”这种话了，因为这句话意味着，你自己给自己设了限。这句话的翻版还有许多：我只是个教书的，我只是个推销的，我只是个设计师，我只是个普通员工……当你用卑微的眼光看待自己时，你的发展前景就被局限在这个范围内了。无形之中，你就为自己增设了一道人为枷锁。

因此，当你陷入某种消极想法无法自拔时，一定要多想想自证预言。再怎么艰难曲折，也要拼力改变这种惯性，把自己拉回到充满信心的正轨上。

你的心态会限定你的思维，所以你需要用积极的语言进行自我暗示，要经常告诉自己“我能做好”“我一定行”……就算你暂时状态很差，你也要假装出信心满满的样子，千万不要自暴自弃；不断地自我鼓励，你会成为想象中的自己。不要抱怨你周围的人，不要指责这个世界不公平，你只需要用积极的心态看世界，世界终会变成你想象中的样子。

信心是一种可以通过自我暗示培养起来的心理状态。如果反复暗示自己“我可以得到某样东西”，潜意识就会驱使行动带给你成功。信心可以消除一切障碍，打破任何限制，它只做潜意识让它去做的事。

第三章

排查清理，别让“一定之规”害了你

在瞬息万变的社会，如果我们一味恪守陈旧经验，过于墨守成规，就容易误入歧途，从而严重限制个人的发展，也会给生活带来消极影响。这时就需要我们勇敢地打破！打破传统观念和规则，更精确、有效地实现目标就是可能的。

跳出思维定式是走向成功的关键一步

由于受传统、经验、习俗等影响，我们难免会形成一种思维定式，陷入思维误区里，在错误的路线上做无谓的前进。要想察觉这种状态其实是很难的，我们总是在不经意间就沦陷了。

所谓思维定式，就是反复感知和思考同类或相似问题所形成的固定、单一的思维模式。思维定式“先入为主”“以偏概全”，把多种多样、不断发展变化的世界纳入一个固定的思维模式之中。

思维定式对处理日常事务和一般性问题还是有一定作用的，它能省去许多思考步骤，有助于我们举一反三、触类旁通。

然而，在需要创造性思考时，思维定式不仅无能为力，还会起反作用。头脑中的思维定式就如同一条已经修好的惯性轨道。有了它的存在，再思考同类或相似问题的时候，思维就会凭着惯性在轨道上自然而然地往下滑。它会使人陷在各种固有、陈旧的无形条条框框中，难以进行新的思考和尝试，因而也就难以产生新的观点和结论。思维定式是束缚人的一条铁链，在创造性思考中，要注意突破思维定式的束缚。

当我们的思考遇到障碍，难以展开及进行，进入无法前进的死胡同时，往往都有必要认真检查一下：我们的头脑中是否有了某种思维定式？我们是否被某种思维定式绊住了？

突破思维定式，也是一种思考方法，在人们的实践活动中价值极大。它能有力地打破旧框框的束缚，有利于发挥人们的想象力，从而打开新的思路，产生许多令人惊奇的新思想、新方法。旧思维一旦被打破，呈现在人们面前的，往往就是一片光明坦途。

你如若想寻求成功和突破，必须设法跳出你由来已久的思维定式，努力改变常规的思维方式。这是每一个人走向成功的第一步，也是起跳时最关键的一步。大多数成功者，只因实现了这一步，就彻底改变了他们的人生前途。

因此，我们一定要摆脱思维定式的束缚，跳出圈外，去获得常规之外的东西。遇到问题时，一定要努力思考：在常规之外，是否还存在别的方法、别的途径？只有这样，才能打破一切条条框框，让思维变得更加灵活多样、充满灵光，从而增强自己的创新能力。

很多人遵循常规，不敢进行任何新的思考和探索，甩不开思维定式，所以他们走不出宿命般的可悲结局。而一旦你能跳出思维定式，就可以看到一片崭新的风景，甚至可以创造新的奇迹！

思维路径依赖：别让成功经验成为阻碍

我们经常会羡慕身边的某个人，他或许只是偶然抓住了点什么就一下子时来运转了。其实，我们又何尝不是面对着大把机遇呢？只不过，我们因为一些习惯性的想法及做法，将太多的机遇挡在了门外。

人的思维方式常常受制于既有的经验和知识，其怎么想问题和看问题是很难从中跳出来的。

有好事者做了这样一个小游戏。他找来一只很大的玻璃瓶子，瓶子没有盖子。瓶子底部朝向有强烈光线的一面，瓶子的开口部朝向没有任何光线的暗室里，通过暗室的地方有一道弯部，转过弯部就是瓶子的真正出口。他把一只苍蝇和一只蚊子囚禁在这样一个瓶子里，想看看它们是如何逃生的。开始，蚊子和苍蝇的反应都是一样的：它们都试图从有光线的一面冲出去重获自由，结果都碰壁了。几次尝试之后，蚊子开始选择往相反的方向飞行，不大一会儿它就绕过那个暗室中的弯部，重见光明。可怜的苍蝇呢，仍然非常执着而耐心地在瓶底部位搜索着逃生的缝隙，最后力竭而死。

这是一个关于思维路径依赖的故事。对于苍蝇来讲，之前的经验告诉它，有光明的地方才是生存的坦途。因此，它非常执着地凭借自己的经验进行不懈的尝试。然而，昔日的成功经验成了自杀式的思维盲区。

思维路径依赖说的是，思维一旦进入某一路径，就可能会对这种路径产生依赖。思维的路径依赖是建立在成功经验的基础上的。它在许多时候的确可以帮助我们节省时间和资本，但是面对选择和变革时，它很有可能会妨碍我们做出正确的判断。

对于前人或自己曾经思考过或经历过的问题，可能已经存在了一系列有用的方法和经验，这些对于我们处理今后所遇到的问题，是一种可以借鉴的思考路径。

但从消极的一面来说，人们一旦形成某种思维方式，就会在惯性下不断强化它，不管是有用的还是无用的、有意识的还是无意识的，都不会轻易改变。正如马云所说：很多人晚上想想千条路，早上起来走原路。

一般地，处于路径依赖中的人会沿着原路一直走下去，不问为什么，很少从中跳出来，直到被锁定在某种无效率的状态下而导致停滞。

一个人要想在人生和事业上有所突破，就必须学会突破已有的习惯路径，这样才能转换自己的思维。没有这些转换和改变，新想法不会诞生，新境界不会洞开，突破性的成功也不可能实现。

有人曾经说过："我不知道世界上是谁第一个发现了水，但肯定不是鱼。因为它一直生活在水中，根本无法感觉到水的存在。"不只是鱼，其实人也是如此。由于受到习惯性思维方式的限制，明明很多创意源头一直就在你的身边，却被你视而不见或盲目地排斥了，从而遏制了创意的产生，你也丧失了大把的机会。

当面对一个新想法、出现一件新事物的时候，许多人的第一反应不是接纳，而是按照惯常做法，找出一堆理由去否定它。

智者重视经验，但不受限于经验，他一方面会用已有经验去处理一些小的简单的问题，另一方面还能随时、主动地突破经验、挑战规则，为创新思维创造一个可以自由伸展的空间。

远离习惯性思维。如果你遇到了一个新问题，此时不要立即打开电脑去搜寻答案，也不要钻进图书馆乱翻资料。不要让这些习惯思维扰乱了你的独立思考。试着打破常规换几个角度多想想，说不定会有意外收获呢！

在专业思维模式之外，多增加几种其他思维模式。人们经过相应的专业训练，在熟练掌握了某一专业领域的知识后，容易形成一种“专业偏见”思维模式，如此一来，他们就会不自觉地将所有遇到的问题都用自己的专业知识解决。正如美国作家马克·吐温所说：“如果你身上唯一的工具是一把锤子，那么你会把所有的问题都看成钉子。”为了克服此种弊端，你应注意了解一下其他领域的思维方式。多涉及几个领域，可以让你思路多样化、思维更开阔，从而不断有新的发现。

随机化你的生活圈。很多人都倾向于只和熟悉的人或事物打交道，认为这样能够简化问题并带来安全感。但如果你真想要独立思考，就要跳出你所习惯的圈子。不要总去相同的场所，与相同的人交往，上相同的网站，吃相同的食物，模式化生活会扼杀思维能力。试着打破你的惯例。你可以选择一条新路去上班，试着用另外一只手去写字，每天都尝试一些新东西。这将激活你的大脑，令其主动去思考更多问题，从而增强你的思维能力。

主动去寻找不一样的观点。与其沿用一个旧想法，不如有意找寻、创造一种新观念。独立思考者都不会循规蹈矩，他们总是尝试以新的标准看问题，而不是沿用一成不变的思维模式。过去有用的，不等于现在也有用，摈弃旧观念，也许你会发现一条新的路。

你缺的不是机遇，而是尝试的勇气

人是经验动物，遇事总是禁不住会参考自己过去的经验，只有当自己觉得经验充足，危险性不高，不必冒太大的风险时，才肯去进行尝试。

如果我们对过去的经验不确定，对未来的预期没把握，那么行动就没有了向导，这导致我们无所适从，宁可干待着也不愿行动。

其实，我们在做某一件事之前，不可能完全准确地预测到结局。如果谁想等到一点儿风险也没有时再起步，那他就只能充当毫无建树的追随者。几经起落，最终反败为胜的美国汽车大王艾柯卡就曾直言不讳地说：“我决不能百分之百地掌握自己所面临的情况，在一定程度上我做事全凭勇气。”

弄清自己真正想要什么，然后勇敢地去做，才可能成为成功者。去做可能会遇到失败，但不去做则没有任何成功的希望。机会总是在于寻找，在于创造。不去尝试一下，不去试着做一下，人生之路就不会宽广。其实，成功并不像想象中那么难，关键是要有勇气去尝试。本来无望的事，大胆尝试，往往反而能成功。

吴士宏在成为一名成功人士之前，只是一名普通护士。说起自己的成长历程，她至今仍清楚地记得，当年在长城饭店门口，她足足徘徊了5分钟，她呆呆地看着那些各种肤色的人，只见他们是如此轻松地迈上台阶，从从容容地走进门去，她好不羡慕。她之所以徘徊着不敢进去，就是因为她的内心无法丈量自己与这道门之间的距离。

最后，吴士宏终于鼓足了勇气，迈着稳健的步伐，走进了世界最大的信息产业公司驻北京办事处。多年后，她成为IBM驻华南地区总经理。

唯有大胆尝试才会带给人更多的机会。有时候我们之所以害怕做某事，只是因为光看到了事物消极和困难的一面，实际上任何事物都有正反两个方面。如果能以积极的心态看到事物好的一面，就会减轻恐惧感。在尝试中看看自己的实际能力是什么样的，然后耐心地一步步朝自己的目标进发，那么，成功也只不过是窗户上的一层纸而已。

没有胆量尝试的人，纵是再好的机会到来也是枉然；不敢尝试固然不会失败，但也失去了成功的可能，最终只能在底层徘徊。成功者不是这样，他们该出手就出手，该开口时就开口，从而有机会展现自我、赢得收获。

李开复刚加入微软公司时，与同事们经常无障碍地沟通，但到了比尔·盖茨面前他就总是不敢讲话，因为他非常担心自己说错话。

有一天，公司要进行改组，比尔·盖茨召集十多个人开会，要求每个人轮流发言。李开复当时想，既然一定要讲，那不如把心里话都讲出来。于是，他鼓足勇气说："在我们这个公司里，员工的智商比谁都高，但是我们的效率比谁都差，因为我们整天改组，而不顾及员工的感受和想法。在别的公司，员工的智商是相加的关系。但当我们整天陷在改组'斗争'里的时候，我们员工的智商其实是相减的关系……"

他说完后，整个会议室鸦雀无声。会后，很多同事给他发电子邮件说：“你说得真好，真希望我也有你的胆量这么说。”结果，比尔·盖茨不但接受了李开复的建议，改变了公司这次的改组方案，并在与公司副总裁开会时引用他的话，劝大家要设法改进公司的文化，不要总是陷在改组“斗争”里，造成公司的智商相减。

从此，李开复再也不畏惧在任何人面前发言了。这件事充分印证了“敢于尝试，就可能成功”这句话。

任何领域的杰出人物，他们之所以能出类拔萃，都是由于他们勇于面对风险。勇于冒险求胜，我们就能比想象中做得更多、得到更多。

不可否认，去冒险也许是用自己现有的安逸去交换充满凶险的将来，但同时我们也要意识到这将是一次实现跨越的绝好机会。试着承担风险，无非带来两种结果：成功或失败。如果我们获得成功，就可以获得经验与提升，显然这是一种成长；就算我们失败了，我们也可以从中反省，吸取经验教训，学会以后该避免怎么做，这也是一种收获。

美国的罗伯特·波西格在《禅与摩托车维修艺术》这本书中以修理摩托车为例，来说明避开挫折陷阱的方法。

第一步是拿出笔记本，写下拆卸的每一个步骤，然后记下重新组合时可能产生的问题。

第二步是在地上铺上一张报纸，把所有的零件从左到右、从上到下排列整齐。这样你就不会遗漏任何小的零件——从小螺丝到垫圈。

做了以上两步之后，要从心理上认识到，即使尝试失败，自己也有收获，能知道自己缺乏某方面的知识。这时候，每一次尝试都会变成一次试验，“你把它拆解开，然后组合起来，之后看其是否仍能运转。即使不能，这也不是失败，你通过这一尝试得到的信息才是真正目的。最终，你获得的信息和知识，会帮助你成功。”

通过不断的学习和尝试，能不断增长经验智慧，这对未来的成长及发展大有裨益。另外，我们还要保持适度的冒险精神，要敢于抓住时机、适度冒险。不敢冒一点险，对不测因素和风险看得太清楚，结果只能故步自封，永远只能平庸。

如若一个人思想保守、胆小怕事，就不可能在事业上有什么创新突破。谨小慎微并不适用于当代社会；裹足不前只能使自己被快速淘汰出局。

每当人们遇到严峻形势时，习惯的做法是小心翼翼、保全自己，不是考虑怎样发挥自己的实力，而是把注意力集中在怎样才能减少自己的损失上。

危险无处不在。没有敢于承担风险的胆略，任何时候都无法有甚作为。而大凡成就大事业的人，都是具有胆略和魄力的，他们能够把握机会，该出手时就出手。实际上，如果能在风险的转化和准备上进行谋划，则风险并不可怕。

该尝试时就尝试，适当冒险是必须的，这样你才有可能突破自我，走向卓越。

独辟蹊径，无阻无碍地前行

竞争激烈的今天，每个人都想在某方面占领一方地，撑开一片天。但谁行、谁不行，并不取决于你自己的意愿，而取决于你的实力有多大，包括才能、资金、人脉等。谋求成功的人都在明里争夺、暗里较劲，在此种情形下，你辛辛苦苦奋斗了好多年，依然不是行业里的优胜者，你依然发现“山外有山，人外有人”，那么，你该怎么办呢？

很多成功者总结经验说：另辟蹊径。出类拔萃的精要之一，就是敢于另辟蹊径。只有敢于另辟蹊径的人，才能采取不寻常的举措，进而开辟出一条别人不曾走过的路。这就是市场营销理论中所谓的“差异化战略”，即盲目追随模仿别人并不能成功，只有大胆去做不同的事才能取胜。另辟蹊径，走与别人不一样的路，你就不必费尽心力地与人争抢了，就可以让别人的优势变成挥向你的空拳，只有在别人没到过的地方，才可以得到别人得不到的收获。

沿着千万人走过的脚印走，永远不会留下自己的足迹。生活中总有些人多年来只是踱步在传统而保守的道路上，尽管他们年轻时都有着远大的梦想和抱负，却因为因循守旧而与众多机会失之交臂，最终，平平凡凡，一事无成。要想以最短的时间达到自己内心的愿望，就需要一种独辟蹊径的精神。如果只是踩着前人制订好的路线，跟在别人身后，是绝不可能闯出一片属于自己的天地的。因为世上的路并不是走的人越多了就越平坦、越顺利，沿着别人的脚印走，不仅走不出新意，有时还可能会跌进陷阱。

想在事业上有所成就，光靠一些老想法、老套路是绝对不行的。当你站在一条已经有无数人走过的路上，遥望着难以实现的目标时，你应该早点觉悟，转变想法去寻找另一条更近更省力的新路。勇敢地走自己的路，走出自己的风格，走出自己的个性，我们的人生才会是最独特的，收获才会是最丰厚的。

爱因斯坦说：“想别人不敢想的，你已经成功了一半；做别人不敢做的，你就会成功另一半。”若要使自己卓然于众人之列，就要比别人的思维更有独特性，懂得从看似普通的事物中看出不寻常，懂得想前人所不敢想。只有这样，才能比别人站得更高，比别人走得更快。

一家著名企业要招聘一位总经理助理，丰厚的薪水和待遇吸引了上千名求职者前来应聘，经过几轮比试，仅剩下了10名求职者。主考官对这10名求职者说：“你们回去好好准备吧，3天之后，还来这里进行复试。”

复试那天，10名做了充分准备的求职者如约而至。测试结束后，所宣布的结果着实让人大跌眼镜，一名其貌不扬的求职者竟被留用了。总经理问这名求职者：“你知道自己为什么会被留用吗？”这名求职者诚实地回答：“不知道。”总经理说：“其实，你不是应试者里最优秀的，他们所做的准备也都比你充分，如时髦的服装、娴熟的面试技巧等，但他们都不像你这样务实。你用了一种超常规的方式，对本公司产品的市场情况及别家公司同类产品的情况做了深入的调查与分析，并写出了独具特色的市场调查报告。你没被本公司聘用之前，就主动做了这么多工作，不用你又用谁呢？”

可见，一个人要想从众人中脱颖而出，必须敢于打破常规，另类思考，特立独行。若能做到这一点，你就可能发现一片新天地，你就可能获取那些在常规中不断转圈的人所得不到的绚丽瑰宝。

甩开晕轮效应，了解他人的与众不同

生活中，我们会本能地认为长相漂亮的人更可爱、更聪明、更可信，所以对他们的好感加重。所以，不必谴责这是个“看脸”的时代，谁让我们的心不由自主呢？

当年《中国好声音》非常之火，许多选手说自己之所以来参加这个节目，是因为它“不看脸”，对这种“盲选”他们很认同，于是满怀期待地来了。这些选手大多有着音乐上的实力，但外貌上差了些，不是那么靓丽，他们也曾多次参加选秀，却因此被刷，后来《中国好声音》的“盲选”的比赛方式将他们吸引来了。

上面这件事所涉及的“盲选”这个炒作点，反映出了一种晕轮效应。晕轮效应又称“光环效应”，是指认知者对一个人形成好或坏的印象后，他还倾向于据此推论该人其他方面的特征，好者会更好，坏者会更坏。晕轮效应会使人因为被他人某个异常醒目的闪光点或者优点吸引而忽略此人的缺点或不足。

晕轮效应本质上是一种以偏概全的思维误区。它遮蔽了我们的视线，让我们看不到事物的真实特征。简单来说，在第一印象后，你可能会因为别人长得丑而看不顺眼，继而错失良机；也可能因为别人长得好看就轻信对方的话，被骗财骗色也没什么可奇怪的。不光是对人，对待事物也存在着这种倾向，如我们通常会认为一家声誉良好的制造商的产品质量肯定过关，从而不去深入地对其调查等。

晕轮效应提示我们，人们经常会被个人偏好所误导，从而忽略了判断的客观性与全面性，导致自己不能客观地评价他人。那么，怎样才能尽可能地避免晕轮效应的不利影响呢？

甩开第一印象，深入地了解。人际交往中，与人初次见面留下的第一印象常常是十分强烈的，它会对以后的接触起着强烈的导向作用。但如果单凭第一印象就妄下结论，十有八九会出问题。

有时我们会根据间接的资料，如通过他人的介绍或传媒的宣传等间接途径，自以为认清了他人，这种印象一时难以改变。

但我们并没有全面充分地掌握理性材料，所以会做出偏颇的归纳、不科学的概括。人们通常会通过本能及有限的经验对他人做出结论性的判断，如“头发长、见识短”等。这些观念容易左右人们的判断意识，如果迷陷于这种定型模式，不经过具体观察及分析，就会陷入机械论，得到不完全确切甚至是完全错误的判断。

我们对此应有所警惕，要学会抛弃成见，经过诸多观察和了解后，全面地对人分析判断，要尽量发掘出优点。否则，就可能错失人才或机遇。

汤磊与别人合伙搞了一个设计公司，在招聘员工时，有一个名叫吉米的小伙子前来面试，他看这个小伙子有些结巴，又留着一头嬉皮士的长发，满脸胡须，便没有录用此人。

半年后，汤磊的公司业务上涨，人手不够，又开始招聘。那个叫吉米的小伙子又来了，因为第一次的印象不好，这一次他连面试的机会都没给他。

可是，没过几天，汤磊接了一笔大单，公司里的设计人员反反复复设计也不能让客户满意。他到其他公司借了几个人，设计出来的东西，也一样达不到客户的要求。正在犯难时，有个好友带了个小伙子来帮他解决难题。他一看又是上次那个人，心中不悦，但碍于朋友的面子，便藏起了心中的成见，静静地看他们工作。令他没想到的是，吉米有着无穷的创意和独特的思维，设计水平出类拔萃，仅用一天时间，便干完了活，交给客户后，对方十分满意。汤磊发现，吉米有着强烈的责任感，还有一种独特的幽默感。这时候，他赶紧放下架子，邀请吉米加盟自己的公司，可是人家已经“名花有主”了，正在一家大型公司上班。

汤磊这才明白，如果你只是从外表去判断一个人，尤其是你已经先入为主地认为这个人很讨厌的话，你就很难看到他的一些优秀品质。

这件事给了汤磊一个很深刻的教训，此后他在用人上尽量抛弃先入为主的成见，尽量给别人展示自己的机会，希望以此发现别人的优点，避免错失人才。

人才辈出的时代，人才或是蠢才是无法一眼看透的。要真正了解一个人，需要长时间的细致彻底的观察，这样才能正确评估出一个人的价值并给予他合适的信任。

其实，人与人是有差异的，你不能强求别人都和你一样。认识到这一点，你就会减少一些反感和厌烦的情绪，更多地了解对方，并努力去寻求对方的亲近和认同。求同存异、携手共进，才是一种成熟的处世方式。

人与人之间不能相互理解及接纳，往往是彼此心存偏见、主观臆测的结果。假如先入为主，抱着厌恶和冷漠的态度，纵然像比尔·盖茨和沃伦·巴菲特这样聪明、杰出的人物，也会擦身而过，留下人生遗憾，改写事业轨迹。所以，下次判断一个人的时候告诉自己耐心一点，先多了解再下判断，不然，你很可能错过良机。

就是如此，我们的理性一不小心就会被晕轮效应造成的个人偏好所欺骗。更可怕的是，个人偏好是可以人为创造的，这就意味着，我们的理性可能被别人利用了却还不自知。

总有些人会出于各种目的刻意地迎合你的个人偏好。例如，他人故意穿着和你色调接近的衣服，故意说你爱听的话，假装和你有相似的价值观，等等。有的产品销售人员会先给你讲一个煽情的故事，让你同情甚至认可他，从而使你乐于购买他的产品。最过分的，是有的推销员为了拉拢人，故意为一个本来就该有的折扣和销售经理争得面红耳赤，最后甚至不惜以辞职迫使对方同意打折。这时他已成功地将他变成了你的“自己人”，从而让你毫不犹豫地掏腰包。别说，还真有点儿“苦肉汁”的味道。

生活中，如果你的取舍决定是基于你待见或讨厌某事物而做出的话，你需要冷静地想一下，你有没有被晕轮效应闪昏了头。

第四章

求新求变，好点子助力发展升迁

创新是一种不平凡的思维方式。让人惊叹的成就总是和神奇玄妙的创意联系在一起。当今时代，创新点化财富，创意比金子还宝贵。敢于创新、擅长创意的人，才能收获非凡的成功。任何人都可能会有很多好的创意产生，关键是你要认识到它的价值，然后想方设法地促使其产生价值。

创新思考是解决难题的最佳办法

思维过程中，需要创造性思维。创造性思维是指具有新颖性、能解决或达到某一特定需要或目的的思维过程。创新思维是人们开展工作和解决难题的基础与前提。

生活中，每个人每天都可能遇到难题，很多人都在使用千篇一律、规范雷同的动作方式，一次次碰壁也是难免的。其实只要能打破常规，做出一点小小的改进，运用一种新的方式就会给自己带来好运气。

踏踏实实地埋头苦干，也许你能够攻关克难；但是如果有好的创意，成功之路就会轻松得多。创意表现为一个个充满智慧的点子。创意是一种思维方式，一种不平凡的、富有创见性的思维方式。令人惊叹的成就总是和出类拔萃的创意联系在一起的。

华诺德是美国屈指可数的实业家，也是极具创新才华的人。在他创业之初，有一次，他带领职员参加在美国休斯敦举行的商品展销会，原本想出头露脸，但令他失望的是，他们竟然被分配到一个极偏僻的角落。这下完了，华诺德好想一走了之，但他又觉得，放弃这一机会实在是太可惜了。那么需要运用什么策略，才能博得关注呢？他陷入了深深的思索……终于，一个计划产生了。

华诺德让设计师设计了一个古阿拉伯宫殿式的展厅，围绕着展厅摆满了具有浓郁的非洲风情的装饰物，摊位前的那一条荒凉的大路，已被改造成了黄澄澄的沙漠，他让职员穿上非洲人的服装，并且特地雇用了一些双峰骆驼来运输货物。此外，他还派人定做了大批气球备用。展销会还没开幕，这种与众不同的装饰就引起了人们极大的好奇心，不少媒体都报道了这一新颖设计，市民们都盼着尽快开幕，来这里一睹为快。

展销会开幕那天，华诺德挥了挥手，会场内顿时升起无数的彩色气球，气球升空不久自行爆炸，落下无数的纸片，上面写着："亲爱的女士和先生，当你拾起这小小的纸片时，你的好运气就来了，请马上到华诺德的展厅，接受这来自遥远非洲的礼物。"这消息越传越广，致使人们蜂拥而至，这个原本可能无人问津的展厅中，生意异常兴隆，而那些处在黄金地段的展厅，反而遭到了人们的冷落。

可见，创新思维在商业竞争中起着极其重要的作用。面对日趋激烈的竞争，一个人或组织要想立于不败之地，非常重要的一点，就是要有创新意识和创新思考的能力。

在如今瞬息万变的社会中，传统和经验的意义已经日益淡化，当今时代更加突出了创新的意义，正如松下幸之助所说："今日的世界，并不是武力统治而是创新支配。"可以说，创新重于经验，重于一切！创新素质和创造性工作能力越来越被社会和企业所青睐。

要想开创工作的新局面，就必须具备创新能力，要根据本行业发展的动向及单位的具体情况，及时地提出自己的新设想，不断改革工作方法。

创新来源于思维，作用于生活，每一个人都可以通过思维的创新来改变自己的世界。任何人都可能会有很多好的创意产生，关键是你要认识到它的价值，及时抓住它。

创新意识不是平白无故产生的，它不仅来源于思维上的敏感，更来源于对生活的热爱和好奇心。好奇心强烈的人，不但对于吸收新知识抱有高度的热忱，并且会经常搜寻处理事物的新方法。因此，一个人如果没有了好奇心，就不可能花心思研究新事物，更不可能有惊人的成就。

要想有一个好的创意看似很难，实则也并非高不可攀。创意存在于我们每天的吃饭、走路、工作甚至是睡眠之中。从现在起，不要再对身边的事物视若无睹，而要以你高速运转的灵活头脑和机敏的眼光去主动地发现机会、寻找机会。长期坚持这样做，那么在任何地方，你都可能收获创意所带来的丰硕成果。

联想创新，既新颖、又有价值

有一种说法："如果大风吹起来，木桶店就会赚钱。"大风和木桶店看似毫不相干，它们是怎么联系起来的呢？思维过程是这样的：当刮起大风的时候，沙石就会漫天飞舞，这容易打瞎人的眼睛，会导致盲人增多；那么盲人以何为生呢，自然是去弹琵琶了，于是琵琶师父也会增多；那么越来越多的人会以猫的毛代替琵琶弦，猫自然会减少，这会导致老鼠的数量大大增加；由于老鼠会咬破木桶，所以做木桶的店就会赚钱了。

这段联想让人听了忍俊不禁，但又不得不承认，上面的每个联想都十分合理，而获得的结论却大大出乎人们的意料，这就是运用了联想思维的结果。联想是从一种事物的表象推及另一事物的思维过程。两者以某种相似性为中介，为新事物、新观点的形成进行必要的沟通联系。

要想获得一项创新成果，往往需要经过对事物的充分联想。联想越多，成功的概率就越大。联想思维可以由眼前的某个事物想到记忆中的另一个事物；也可以由记忆中的某个事物想到记忆中的另一个事物。思考者既可由某一事物形象联想到另外的事物形象，也可以由某一抽象概念而联想到另外的事物形象。联想不是从面出发，而是从点发散。关注事物的核心，更要想象存在于其周围的东西。

联想是无限的，不受时间和空间的限制。人们可以展开想象的翅膀，通过对历史资料的分析展现过去，描写历史事物及情景，又可凭借无限的想象力，认识未来，展现未来事物的形象。

联想作为形象思维的一种基本方法，不仅能构想出未曾知觉过的形象，还能创造出未曾存在的事物形象，因此是任何创新活动都不可缺乏的基本要素。没有想象力，一般思维就难以升华为创新思维，也就不可能做出创新。

联想越超脱、越大胆，往往就越新颖别致，越富有创新价值。只有打开想象力的闸门，更有力地展开想象力的翅膀，才会翻腾起思维大潮，才会让思想飞到一个前所未有的高度。

联想若想得到好结果，就得学会对大脑既存信息进行检索，从中提取出有用信息，然后寻找妙用联想进行创造的合适途径。好的联想既要摆脱逻辑推理的束缚而展翅高飞，又要借助于严密的逻辑推理，对联想产物进行审核和再加工，最后才能使其得以开花结果。

受传统经验的影响，人们进行工作容易沿用惯常手法，但平常的思维、平常的想法，只能做出平庸的产品，是谈不上什么价值的。联想思维能克服这一障碍，往往会出人意料，给人以耳目一新的感觉。

蔬果除了食用外，还可用作雕花，美化菜肴，这已是充满艺术色彩了；而有人又发现了蔬果的另一妙用，那就是把它雕成人头像，以供观赏，让人感到异常新鲜和浪漫。这个人叫杜明，他是个富有想象力的人，有一次，他无意中把幼嫩的蔬果放进玻璃杯中，当他发现这些蔬果的生长形状竟跟杯子的形状相同时，忽然心有所触，从中悟出商机。于是，他利用蔬果很强的可塑性，把各式各样的蔬果研制塑造成形状各异的面谱，既有民间偶像，也有社会名流。由于生意独揽，收入相当可观。

没事时不妨让自己勤思多想，广泛联想，就可能产生不一般的创意，从而改变人生及处境。

联想较多的事物就需要拓宽联想的视野，联想的视野越宽，就越有利于丰富想象力，提高创造力。观察事物需要不断地调整新角度，争取运用各种方法提高观察的深度和精度，有时间的话不妨多写写观察日记，这都有利于拓宽联想视野。人观察事物的知识面对其联想视野也会产生很大的影响，所以还需要广泛地阅读和学习，吸收各种信息，不断地拓宽知识面。

要想做到以上几点，我们需要与外界事物多接触、多联络、多吸收信息，不要使大脑停顿下来。有了好的联想，就要及时去行动、去投入，及时捕捉创意之果。

缺点逆用，化腐朽为新奇

生活中，人们追求完美的天性无止境，往往只习惯性地注重事物的优点而忽视它们的缺点。这就给全面认识事物、准确把握事物发展的本质带来了障碍，也在一定程度上影响了创造性思维。如果我们能反其道而行之，对某一事物的缺陷从反面进行思考，往往就能化腐朽为神奇。

生活中，人们常常会遇到各种常规方法所不能解决的问题，此时运用缺点逆用的思维方法，“以患为利”，也许会提供新的思路，找到新的办法。

市面上的广告，几乎都是从正面夸耀产品的优点，从反面对自己产品揭露缺点的广告是难得一见的。但有一家牛奶公司的广告却“自暴其短”。它们做了一则自揭产品缺点的广告：前不久，它们有批牛奶由于某个微量元素不太理想，它们将之禁止上市，直接销毁了。这是一种反向创意的广告，结果赢得了更多消费者的信赖。

如果我们只从一个方向考虑问题，路子会越走越窄，甚至会走入死胡同。所以，我们不妨换个角度想一想，或许会发掘出新的价值。生活中，价值观念会影响人们观察问题的视角。而在许多时候，价值观念的转变往往就意味着创新。

在用人时，着眼点自然应放在人的长处、优点上，这无可厚非。但在用人所长的同时，也要能容其所短。短处包括人本身素质中的不擅长之处、人所犯的某些过失等。一方面，越有才能的人其缺陷也往往暴露得越明显。例如，有才干的人往往恃才自傲，有魄力的人容易不拘常规，谦和的人多胆小怕事，等等。另一方面，错误和缺失是人所难免的。因此，如果对人所犯的小错也不能宽恕，就会埋没人才，世间就几乎没有人才可用了。

当你在工作中遭遇不利的时候，学着换一种眼光和思维看问题，打破常规，向你所接触的事物的相反方向看一看、想一想，多问些为什么，多试验几次，就会多一些工作思路。相信你一定能够化逆境为顺境，化缺点为优点，化弊端为有利，化问题为机遇，取得出人意料的胜利。

灵感创新，小点子也能带来大成功

人们在生产实践活动中，脑海中突然闪现新思想、新念头，这是过去很长时间一直冥思苦想而得不到的；不经意间，人们突然从纷繁复杂的现象中领悟到了事物的本质。这种“很突然”的思维现象，就是我们所说的灵感。

一天，数学家侯振挺送一位朋友去火车站，在看到排着队上火车的人群时，灵感突然闪现，一年多来梦寐以求的答案清晰地出现在脑海，回去后，他很快写成了《排队论中的巴尔姆断言的证明》，引起了数学界的重视；一位设计者在为设计可口可乐瓶苦恼时，女朋友穿的一件下口收紧的紧身裙触发了他的设计灵感，从而设计出了以造型优美、新颖、别致而风靡全球的可口可乐玻璃瓶……

灵感思维是指借助直觉而进行的快速、顿悟性的思维形式。工作中的许多重大难题往往就是靠这种灵感的顿悟，奇迹般地得到解决的。

尽管灵感随时可能产生，产生灵感几乎不需要投入，但灵感本身却可能是极有价值的。

有一位穷困的年轻画家，除了理想和孤独，一无所有。后来他替教堂作画，由于报酬低，只好借用一家废弃的车库。一天，疲倦的画家在昏黄的灯光下看见一对亮晶晶的小眼睛，原来是一只小老鼠。他微笑着注视着它，而它却溜走了。后来，小老鼠又一次次出现，它在地板上做多种运动，而他就逗它玩，奖励它一点食物，渐渐地，它们互相信任，彼此建立了友谊。

不久，年轻的画家被介绍到好莱坞去制作一部以动物为主题的卡通片，这可是个难得的机会，但他毫无灵感，什么也画不出来。黑夜里，他苦苦思索着，甚至开始自暴自弃。就在他马上要放弃的时候，突然想起车库里的那只小老鼠，灵感在暗夜里闪过一道光芒，他迅速画出了一只老鼠的轮廓。

历史上最伟大的卡通形象——米老鼠就这样诞生了，沃尔特·迪斯尼也因此扬名，成了大富翁。

灵感在创新活动中扮演着重要的角色。大量事实表明，灵感能产生独特和惊人的创新构思，继而转化为财富和价值。

灵感是潜思维的一种，只要大脑摆脱了意识的控制，潜意识就容易突破各种思维定式和习惯性思维的约束，通过自由遐想、自由组合和自由选择，忽然接通思路，问题的奥秘被点破，新设想随之呈现出来。当你对某一需要创新的问题久思不得其解时，可以有意识地试用这一方法。

在创造性思维过程中，大脑经过长期紧张的思考，却可能在关键环节上卡住了，思维立时中断，此时可设法通过灵感的作用去实现飞跃。但此时如若没有相应的诱因来触发，就难以进入灵感状态。因此，要注意寻找能触发灵感的“引线”，如借助某些信息的点化、其他思维的协作等，均可为大脑提供接通思维、突破障碍和发现拓展的机会。

由于灵感是大脑的一种特殊活动，所以引发灵感最常用的一般方法，就是愿用脑、多用脑、会用脑。

任何灵感都源自热爱。对事物的热爱之情，能够调动全身心的巨大潜能。在激情冲动的情况下，可以增强注意力、丰富想象力、加深理解力，从而使人产生出一股强烈的、不可遏止的创造冲动。这就是说，激情冲动可以引发灵感。因此，如果你尚未成就大事，千万不要抹灭你心中泛出的点点激情和迷恋。

行动是灵感产生的源泉。由于灵感具有突发性和瞬间性，如果不及时记录，过后就恐怕很难再回忆起来。因此，要让灵感立即变成动作。要把直觉到的事、因灵感而想到的事立即说出来、写出来，让灵感很快变成动作，能诱导下一个灵感出现。

知识和素材是灵感的触发点。灵感的出现与平时长期的知识和经验积累密切相关。积累是量变，灵感的产生是质变。只有大量地积累各种感性材料，才有可能出现理性的质变。因此，要诱捕到灵感，就必须注意扩大自己的知识面，让大量的信息材料深深地烙在脑海之中。平时的工作过程中，要最大限度地积累本领域内的知识和技能，这样能造成一种强大的势能，一经触发便转化为思维突变的动力，在俄顷之间爆发灵感。

灵感只光顾勤奋好学的人而不去拜访懒惰的人。必须对问题和有关资料进行长时间的、反复的探索，从而把握问题的各个方面，才有可能产生灵感。

灵感易出现在大脑功能处于最佳状态的时候。许多经验表明，灵感大多是在长期紧张思考而暂时松弛时得到的，如在临睡前，或在起床后，或在散步、交谈、乘车时等。这是因为，暂时的休憩可以放松大脑，有利于消化、利用和沟通已得到的全部资料，有利于冷静地回顾忽略掉的线索，有利于缓解大脑的疲劳，并使它再次高度兴奋起来重新思考。

当人经过一段长时间的紧张思索之后，身心会极度疲劳，思维会显得十分迟钝，此时应设法转移注意力，把正在思考的问题暂时搁置起来，转身去从事体育活动、文艺活动，如散步、赏花、谈心、下棋、看戏等，甚至睡觉，从而使自己的思维松弛下来，沉浸在一种漫无目的的遐想之中。在这种情形下，灵感常常会飘然而至。

只有思路常新才有新出路

在处处充满竞争的时代，对于每个人来说，如果想在事业上有所成就，就必须努力培养和展现自己的创新素质，千万不可墨守成规。假如你的思维一成不变，一点都没有新鲜之处，那么它们就会苍白无力，很快就会被淘汰。

要想使自己的事业成功，财源广进，就要不断创新。成功的喜悦从来都属于那些思路常新、肯突破的人。所谓突破，就是打破旧的传统、习惯、经验等思维定式，使思维创新，产生质的飞跃。有思考才会有创新，有创新才容易成功。

要想在激烈的商业竞争中立于不败之地，就必须不断地进行创新。在一个多变的世界，刚刚出台的创意有可能在几天之后就过时了。许多在过去很见效的商业模式将不再适用。为了赢得未来，你必须对自己的方方面面进行经常性的创新。未来商战的基本规则是：不创新，就灭亡。

有学习才会有创新，有创新才容易成功。如果你想在职业生涯中有所发展，就应通过不断学习、不断创新来提高自己。21世纪是知识型经济的时代。每个人都不能仅靠过去的知识进行工作，而要不断地学习新知识。接受新知识的前提是保持“空杯心态”。每天都要把自己想象成一个“空杯”，然后以谦卑的态度去学习新的知识、新的技能，工作中每天都有新情况、新挑战，我们每天都要面对新事物，所以每天都要学习。只有不断地学习，掌握新知识、新技能，视野才会更开阔，思路才会更清晰，才能提高自己的能力和水平，做出一番新业绩。

新知识、新技能是开启未来的钥匙。你已经掌握了工作所需的一切知识和技能了吗？你是不是该学习了呢？你可以经常自检一下，看自己是不是该学习了。

（1）不懂的东西增多时要学习。工作中的一些现象和问题，你看不懂了；行业中的一些情况你无法理解了。这时，你需要学习了。

（2）没有新东西时要学习。和同事一起工作，或给别人讲解时，如果翻来覆去都是过去的经验，没有新东西，你就需要学习了。

（3）职业发展受阻时要学习。怎么干都没有业绩，无法得到领导的满意。此时不要埋怨环境，不要埋怨他人，唯一能让你走出困境的就是不断学习。

（4）快速升职后要学习。当你被提升到更高职位后，这个时候要问问自己：我的能力、学识与岗位匹配吗？职位升级后，如果不提升学习力，能力就不会升级，最终你会因不能胜任而被淘汰出局。不必担心有没有更高的职位，而要担心你有没有任职的能力。

第五章

换位思考，“向外求索”的妙招

过分强调个人感受，不能顾及别人的想法，这是很多人际问题的根源。解决之道是不要以自我为中心，要换位思考，站在对方的立场考虑问题。“由内向外”，探求他人心理，关注他人需求，全身心地感受、跟从、顺应，最终才能赢得他人的支持与回报。当我们学会灵活换位的时候，也就是频频收获的时候。

换位思维的根本——理解人性

以下情形你或许并不陌生：大学刚毕业的你，满腹诗意，一心向往梦和远方，父母却说你还是就近找份稳定工作吧；你满世界寻求心灵默契的伴侣，朋友却说那个男生那么爱你又那么好，你怎么还乱找；60后老板抱怨90后我行我素，太不听话，90后员工抱怨60后老板死脑筋、不知变通。

生活中，每个人由于立场不同、经历不同，很难了解他人的感受。不了解他人，就不懂得接纳他人，更别说为他人着想了，误解纠纷往往就是这样产生的。

过分注重个人的感受，忽略他人的感受，这是很多问题产生的根源。许多交往沟通中的冲突源于人与人之间思想不同，容易存在许多的分歧，此时，如若总是以“我”为中心来想问题、办事情，就难免与他人发生碰撞、摩擦，甚至交恶。

小文和小雅同住一宿舍，是同事兼好友。最近小雅终于遇到了自己喜欢的男孩，正在热火地谈恋爱。男孩善用甜言蜜语，哄得小雅幸福无比。不过敏感的小文从细微处发现，男孩明显是一个油嘴滑舌的不可靠的人。但小雅被爱情冲昏了头脑，对男孩认识不清。于是小文毫不犹豫地向小雅指出了男孩人品有问题。

从情理上说，小文这样倒也蛮仗义的，没什么坏心眼，纯粹是为了帮助小雅。

可是令小文万万没想到的是，小雅非但不感激，反倒倒打一耙：“你吃不着葡萄就说葡萄酸吧！你没看到我这么幸福吗？你嫉妒吧？”于是小文只得沉默，双方的关系一时间陷入了僵局。

接着，小雅把此事告诉了男孩，男孩闻后，极力表白自己，非常恳切地说自己是真爱，并且把小文污蔑了一番。于是两好友的关系面临破裂了。

小文正是因为不懂换位思考，没有考虑到小雅可能的过激反应，才急切地把问题赤裸裸地揭穿，并导致了后续的一系列不良反应。不理解人性的特点，小文所付出的努力和情感，只能被当成驴肝肺。

当长久以来一直期望爱情的小雅遇到一个擅长甜言蜜语的男孩的时候，她极有可能陷入了幻想里，并因此削弱了自己的判断力，谁再说什么也听不进去。小文在一开始就应该考虑到这一点，从而有所改变，而非简单粗暴地一刀捅破。

实际上，小文采取试探和引导的行动方案更为妥帖。她可以反复对小雅做出暗示：该男孩怎么怎么不行，让小雅自己去醒悟及注意，当小雅开始动摇和疑惑的时刻，再站出来点破该男孩的问题，这样也比一开始就点破好。

交往沟通的要点是理解和体谅。说话办事之前不妨想一想：假如我是他的话，我会怎么想、怎么做？谁都不要以自我为中心，而要懂得换位思考，站在对方的角度考虑问题，这样可能忽然间会发现“哦，原来是这样”。如果我们听说有人将一年赚上一个亿说成小目标，第一直觉就是此人太离谱。但当我们知道说此话的人是王健林时，去站在他的位置上想一下，也就不难理解。有了理解和认同来作为沟通基础，什么困难都容易解决。如果能事事都这样想，就肯定会少了争吵，多了和谐，少了矛盾，多了理解。

西方有句谚语：要想知道别人的鞋子合不合脚，穿上它走一英里。人际交往的秘诀之一，就是站在对方的立场，体会对方的想法和情绪，了解对方的态度和观点，并站在对方的角度思考和处理问题。这样不但能赢得对方的好感与认可，而且能更清楚地了解对方的思想，揣摩对方的想法、反应等，以便于你据此制订与对方交往的最佳策略，从而获得更多的机会与价值。

人性当中，是有非常强烈的戒备心的，尤其在这个诈骗、谎言遍布的时代，你如若直接告诉人什么，他人一般都会本能地怀疑及反对，这也是情理之中的事。

所以，假如你想要让他人购买你的保险单，就切莫直接对人说：“您买单吧，这对您好处极多！”这会将人吓跑的。你得学会弯弯绕绕地说，去摆事实、讲故事，委婉地暗示对方提前参保怎么好。注意，绝对不能触碰到客户敏感的反欺骗警戒线。

如果你推销的是旅游产品，也不能一上来就直接说：“风景无限，畅享天下！”你不能以直接的自吹自擂触碰对方的警戒心理。你的旅游广告可以这么写：

“你是愿意待在沉闷的办公室里，憋着气承受压力；还是愿意驰骋在内蒙古大草原上，畅快地呼吸新鲜空气？”如果你看到这样的文案，会否有去旅游的冲动呢？

其实，换位思维不是一种复杂的技巧，而是一种明智的态度，只要你愿意，你就能学会。平时的练习过程中，请注意以下的几点：

（1）交往沟通中，承认他人的不同，忌先入为主，要克制自己的主观评论的欲望。

（2）适时提问，更深入地了解他人对某事的看法，据此决定自己的沟通方法及策略。

（3）运用他人的思考方式，重新审视某件事，如果发现某环节自己难以接受，就及时将之纠正。

想让人觉得你有趣，就要先对别人感兴趣

在与人交往的过程中，要想打开人心之门，就需要我们真诚地对别人感兴趣。人与人之间的喜欢与厌恶、接近与疏远是相互的。几乎没有人会无缘无故地接纳和喜欢另外一个人，被别人接纳和喜欢有一个前提，那就是我们也要喜欢、承认和支持别人。因此要想成为受欢迎的人，就必须将注意力从自己身上转移到别人身上。正如著名罗马诗人西拉斯所说：“你对别人感兴趣，是在别人对你感兴趣的时候。”你想受别人欢迎，首先就要对他人真诚地感兴趣。

人的本性是对自己感兴趣，而不是对其他事物感兴趣。你关心别人，别人就喜欢你；你否定别人，别人就不喜欢你。所以，要使别人喜欢你，首先就要让他感觉到自己的重要，然后他才会对你感兴趣，这样人际关系才可以建立和发展。

受人欢迎的人，大多是能对他人感兴趣的人。他们是以“对人感兴趣”来增进与人的亲密感的。在人际沟通中，人们都喜欢对自己感兴趣的人。对他人感兴趣，就是给他人一个喜欢你的理由。

要使对方喜欢你，原则上是要拿对方感兴趣之事当话题。最会与人相处的人，往往是最善于说对方感兴趣的话的人。对大部分人而言，最有兴趣的话题就是他自己，或者是他最喜欢的事物。所以，我们要对他人真诚地聆听，多鼓励他人谈谈他们看重的事情以及鼓励他们谈论他自己。

仔细观察那些人缘很好的人，你会发现他们有一个共同的特点：和不同的人谈论不同的话题，而且谈论的都是他人感兴趣的话题。这样能促进交谈双方相互接近，它在人的心理上常常会诱发出一种特殊的吸引力。例如，与养鱼种花者谈摆弄花草、饲养金鱼之乐；与爱好体育者谈论运动带来的好处；与集邮爱好者谈论集邮之道。这常常会引起对方的兴趣，激发对方一吐为快的冲动。

罗斯福就是这样一个典型，不管对方的身份是什么，他总能和对方侃侃而谈。他的诀窍就是在开口和对方说话之前通过各种途径获取对方的个人资料，最重要的是了解对方的兴趣所在。罗斯福总是这样总结他的经验："只有谈论他所喜欢的事情，才能抓住他的心，让他先高兴起来，然后接近他就比较容易了。"先用话题使对方产生认同感，拉近彼此的心理距离，之后再提出请求，往往会令对方乐于接受。

因为有兴趣就有感情，有了感情什么事也就都好办了。所以，要与人建立良好的关系，最快捷最深入的办法就是提前了解对方的性格特征、兴趣爱好，然后有的放矢，谈论对方感兴趣的话题。

与人相交若想圆满，就得选好切入点。具体来说，可从以下两方面入手。

1.关心他最亲近的人

人们有种共同的心理倾向，都会关心自己最亲近的人。一个人一旦发现你也在关心着他所关心的人，立时会对你产生一种无比亲近的感觉。所以，你可以从关心他最亲近的人切入，拉近心理的距离。

2.同对方保持“同体观”的关系

与人交往时，要想使对方接受你的观点、态度，那么你就必须同对方保持“同体观”的关系，即把对方与自己视为一体。要让对方觉得，你是在为他说话，或你是为他着想。这样，对方便不会对你存有戒心，双方的心理距离就拉近了。

可适时向对方传播一些他熟悉并能接受的思想，然后再悄悄渗透一些自己的观点，使对方产生一种印象，似乎你的思想观点与他已认可的是相近的。表明你与对方的态度和价值观相同，就会使对方感觉到你与他有更多的相似性，从而令其快速地缩小与你的心理距离，更愿意同你结成良好的人际关系。

满足他人的欲念，实现自己的心愿

生活中，每个人都有需要，而且需要是多种多样的，“需要”是人产生积极行为的动力源。

因此，想要他人为你做些什么，就得关心一下他人的需要，并且要想方设法满足他人的这种需要，然后自己才会如愿以偿。

人性的弱点之一，就是极其关心自己的利益。很多人在处理问题和与人交往时，往往总是考虑自己的需要，却很少关心对方的需要，更别说设法满足了。倘若你能转换一下立场，考虑一下对方的需要和感受，以对方期待的方式来对待他，那么，你求人办事将顺利得多。

当你需要别人为你做事时，别一味盘算自己能从中得到什么好处，不妨也想想你能通过这件事给别人带来什么好处。例如当你写一封邮件时，如果满脑子想的都是发出后收件人要帮你做什么，那么这封邮件带着的要求字眼儿很有可能会造成收件人不快，导致收件人不肯帮忙甚至连回信也没有的结果。所以，当你在起草邮件时，不妨好好想想它可以给收件人带来什么好处，仅仅一个转念，或许就能使邮件的性质发生变化，使收件人更愿意帮助你。

满足对方的需求，要从最细微处出发。人际交往中，人的需要是多种多样的，每个人真正关注的事物往往都是十分个性化的。聪明人会通过观察对方、倾听对方的心声等途径去探知对方的特殊需求，不管多么细微的事他们都会小心在意，之后再力求帮助其实现，以达到让对方帮自己的目的。

不同的人具有不同的癖好偏爱，即便是同一个人，在不同的时间或环境下，也会具有不同的需求。因此，我们必须深入了解，弄清楚对方最需要什么，特别是与自己的计划有关的，然后就可以依照对方的偏好去对付他。在满足对方的需要时，应将物质与精神有机结合，必须在形式上丰富多样，这样才能保证效果最大化。

从精神需要讲，人都喜欢听好话、受赞美。美国心理学家威廉·詹姆士曾说：“人类本质中最殷切的需求是渴望被肯定。”人是非常容易被感性左右的。如果你能调动一个人的感性，那么，对方想拒绝你，比接受你还要难。而要想迅速控制一个人的感性，最有效和快捷的方法就是恰如其分的赞美。所以我们不妨用诚恳的态度、热情洋溢的话语来直接赞美对方。这样不仅能表现自己的涵养、友善，而且能迅速博得对方好感，从而使对方乐于同你深入交往。

在许多场合，赞美常常会发挥它的神奇效果。赞美别人最关键的是要恰到好处，掌握最适宜的尺度。要抓住别人最重视、最引以为自豪的东西，将其放到突出的位置加以赞美，这样才能够最大限度地满足别人的心理需要，从而达到自己的目的。

例如，对于一位外貌非常漂亮的女士，你再称赞她“真漂亮”未免显得有点多余了，因为她对这话早已听腻了。但是，当你转而去称赞她的智慧、能力时，想必会令她芳心大悦的。

再如，对于一位事业成功的男士，如果你称赞他有能力、有才干、有魄力，恐怕他也听不进去。但如果你找准切入点，夸赞他说：“真看不出来，你文字这么棒啊！”他一定会有别样喜悦的。或者你发现他喜欢集邮，就对他说：“你收集了这么多邮票啊，可真是个有心人啊！”他也一定会高兴地给你讲集邮的事情。所以，赞美要因人而异，要挠到对方的痒处。

另外，交往中应善于发现对方最细微的优点，并不失时机地予以赞美，赞美用语要翔实具体，这说明你对对方了解及看重。让对方感到你的真挚、亲切和可信，你们之间的距离就会越来越近。

如果你对他人有足够的了解及掌握，深知他的需求是什么，并且能设法满足，那么你不仅掌握了一种融洽人际关系的技巧，还掌握了一个通往成功的诀窍。

“指责”是堵墙，“商讨”是座桥

在人际交往中，许多人常常自以为是，好以自己的原则标准去衡量他人的说话方式，事实上，他人的做法与你的看法不同，并不代表他一定是错的，而你一定是正确的。

所谓“仁者见仁，智者见智”，有些事情的确难以说谁对谁错，只是因为立场不同，看法也就不同罢了。在与人进行沟通时，同样的一件事儿，不同的人对于它的理解差别是比较大的。当你说出一句话来，你自己认为是一种意思，但是不同的听众会有不同的理解，它们可能差别很大，甚至完全相反。

在生活与工作中，我们面对意见不同者时，真恨不得立马将之消灭，如此一来，口头争论自然是难免的。但这并非一种明智的做法。在沟通上出现分歧时，如果认为自己一直甚至永远都是对的，最终非但解决不了问题，反而容易激化矛盾。

米奇所受的教育不多，曾是个爱与人抬杠的角色，后来因为推销不成功而求助于专家。专家听了几个简单的问题以后，就发现他老是跟顾客争辩。如果对方挑剔他的车，他立刻会涨红脸大声强辩。米奇承认，他在口头上赢得了不少辩论，但最终却失掉了顾客。

米奇后来成为了明星推销员。他是怎么成功的?我们不妨看看他是怎样同顾客说话的:

有位顾客走进了米奇的办公室，对他说：“什么？X车？不好!你要送我我都不要，我要的是S的车。”

过去的米奇听到对方这种话，早就气得脸一阵红、一阵白了，他会马上挑对方所说车的错，而他越挑剔，对方就越说它好。于是争辩越趋激烈，对方就越喜欢自己所说的那款车。

现在呢，米奇会说：“老兄，你说的车的确不错，买了它肯定错不了，放心去买好了。”这样对方就会无话可说了，没有抬杠的余地，就只有住嘴了。他们接下来不再谈别的车，米奇就开始介绍自己车的优点。

现在回忆起来，米奇真不知道自己过去是怎么干推销的！以往他花了不少时间在抬杠上，现在他适时保持缄默，事实证明很有效果。

有些事情假如你非要辩解清楚，不仅达不到目的，反而会让自己伤筋动骨。争强疾辩不可能消除误会，只能靠协调、商讨去改变别人的观点。

要想建立良好的人际关系，用心沟通是必须的。要善于从对方的角度和处境认知对方的观念、体会对方的情感，凡事要从对方的立场去想想：如果我是他的话，我将有何感受，我将怎样去做？这样你就会懂得如何去对待对方，也可以增加许多沟通技巧。

在生活中，当我们面对某一问题时，别仅仅从利己的角度考虑，要换位思考，站在对方的立场上说话，这能给对方一种为他着想的感觉，常常具有极强的说服力。

不管遇到什么事，都不要跟人争辩，而要学会商讨，让对方不知不觉地接受你的建议。下面介绍几种较为可行的方法。

1.先肯定后否定

不要急于否定对方的想法，而应先肯定对方想法的合理性，然后再有理有据地阐述自己的见解。例如在讨论怎样搞好单位卫生时，有同事提议：一个人连着干一个星期。你却有些不同意。这时，你不妨这样说：“你的意见颇有道理，也是一种方法，但我以为还是一个人干一天比较好。”接着，你可以具体说说理由。先肯定对方，再提出不同意见，这样显得公正和客观，也容易被对方接受。

与人在一起谈话讨论，不要一开始就谈及意见不同的事，而要以彼此见解一致的事情为话题，要让他感到你们彼此追求的目标是相同的。假若一开始你就否定了对方的意见，就容易形成针锋相对的局面，之后，无论你再说什么，对方都听不进去了，再想使他接受你的观点就极难。所以求人办事得懂得迎合对方的心理，使对方觉得你是在与之商谈，而不是争辩。

2.分析利弊法

当对方提出一种意见，你如果不同意，就先推导出其意见可能产生的不良后果，在此基础上，再提出自己的意见会更有效果。你在提出不同意见前，应考虑清楚，对方的意见弊端究竟在哪里。你要尽可能多地找出来，你给对方的意见找的毛病越多，否定起来就越容易。值得注意的是，分析对方意见的弊端要实事求是，要有理有据，不能无中生有，更不能任意扩大。

3.巧妙借助法

有些话如果你实在不方便直接说，不妨借助他人的观点和做法来替代自己的不同意见。此时，你可借助同类型的、对方也熟悉的事例来替代自己的意见。例如你可这样说："任永他们也有过这种事，他们就是这样处理的，结果倒不错，我们是不是可以借鉴一下？"这样的话一出口，对方自然心领神会。

在与人沟通时，不要让对方感觉你是在将自己的想法强加给他，不要与对方"争论"，而要与之"商讨"，要尽量少说

“我”、多说“我们”，让对方觉得彼此是一体的，是在为达成共识而努力，这样肯定会有好效果的。

角色效应：让对方唱“主角”，更易达成目标

在职场上，谁都难免会有意见想表达。说出自己的意见、想法，既可能使自己的想法付诸实施，又可能得到他人的赏识与重用，何乐不为呢？但向人提建议也不是那么简单的，有些话不能直截了当地说，你需要一点策略。

即使是再开明的人，其内心也是不喜欢过于直白的建议的，因为这会让他觉得自己的尊严或权力受到了威胁。他人之所以拒绝你，是因为他与你在身份、地位、心态等方面存在着一些微妙的不同。因此，如果你有很不错的想法要告诉他人，就得讲究一点策略。

人性的通病之一，就是都会认为自己的构思、主意才是最好的，不乐意接受别人强加给自己的看法。那么你在向人提建议的时候，不妨迂回一些。向领导等人“进谏”不要直接去点破其错误所在，或者越俎代庖地替上司做出决策，而要用引

导、试探、征询意见的方式，使对方在参考你所提供的资料信息后，水到渠成地做出你想要说的正确决策。这样，他会觉得这是自己想出来的，所以对此构想会更加地认可。同时，他在心里还是会知道你的功劳所在的。

在职场上，我们经常要向领导做汇报、请示等工作，也会不时向他人提出各种请求。此时你在自我表现上最好的方式就是“不卑不亢”，常常以谦虚之态请教对方，既能表现出自己的人品修养，还能表现出自己知趣、知理的一面。对方一高兴，必然处处提携你、配合你，那么你工作起来自然轻松、愉快，收益颇丰。

有一位服装设计师，常要去向权威人士推销他所设计出的服装新样式。虽然人家也接待他，每次也都审看他带去的设计图，但很少有人购买他的方案。为此，他很郁闷，于是便去请教心理学专家。听了他的叙说后，专家笑了，启发他说：“问题是你知不知道，他们究竟需要些什么呢？你必须弄清这个才行呀！”话虽不多，但这么几句点拨，使他茅塞顿开。很快，他就打开了局面。

设计师再次带着设计图纸和半成品找到权威人士说：“先生，您能帮个忙吗？这是设计草图和一些半成品，请根据您的高见，帮我改一改。”对方一听，便让他把图纸留了下来。后来，还给他提了提意见。于是他按照对方的意见加以修改。

结果设计师每次的设计都得到了权威人士的赞赏，图纸也都被他们买去了。新的服装样式得到了这些权威的肯定，自然就流行开了。

为什么会这样呢？因为人有一种共同的心理，就是都不愿干别人规定或指定要做的事。因此，你不能把自己的设计强加给对方。相反，如果你让对方感到主意是他自己出的，体现的是他的思路，那么，情况就会好得多，你就会很容易地说服对方，也很容易被对方接受。

如果你想请别人出面出力去做成你筹划的事，那你首先就要真诚地尽力站在他的立场上看事情。顺着别人的意图来，是促成双方合作的一个前提和推动力量。如果你对别人指手画脚，有时会激起他的逆反心理，导致事情走向你所希望的结果的反面。而若是以他的眼光和心理作为切入角度，引导他“变成”你，那么，他自然会乐意爽快地“替”你把事情给办好了。

要想赢得对方的合作与支持，向人进言时要注意以下几个问题，它们会直接影响你建议的效果：

1.态度很重要

提建议时，说话要态度诚恳、言语适度，恰到好处地表达出你的意思。切莫盛气凌人，要注意给人面子。

2.密切注意对方的反应

谈话时应密切注意对方的反应，如果发现对方面有不悦，就马上停止述说。通过观察他的表情及身体语言，迅速判断他是否接受了你的观点。如果对方露出犹疑之色，就视需要适当地举例说明，以增强说服力。

3.注意提建议的方式方法

向人提建议本非坏事，但如果过于“热心”，说起话来滔滔不绝，会使对方认为你是来找碴儿的，绝不会接受你的意见。因此，说话时要找准时机，调控好语音、语速，掌握好提建议的节奏和火候是非常必要的。

第六章

告别“单打”，白手起家不是神话

千万不要迷信“自己可以主宰一切”。每个人都有自己能力所达不到的死角，单打独斗的人永远成不了大气候。最聪明的办法是站在顶尖高手的肩膀上登高望远，用最短的时间学习成功者的经验。如果你能巧于“借力”，精于“借势”，就会由弱变强，步步高升，在竞争中稳操胜券。

向上攀附：能搭会找，以自身价值与人深交

相信很多人对此都会有同感，以前很多同学、朋友看似很一般，却在若干年后，竟和某某要人意外地攀上了关系，继而取得了令人意想不到的成绩，这真令人不可思议。其实，他们的“过人之处”即在于具有很强的攀附意识，会找并善于找梯子，为自己营建了强有力的人际关系。

要想在世上生存，有时候单凭个人的努力很难达成目的，这就需要寻找能够帮助自己的人。烈日当头，为自己找到一棵乘凉之树，可以避免很多不必要的烦恼与折磨。其实生活中是不缺“贵人”的，他们可能就是朋友、同事，或是仅仅萍水相逢的人。找到自己的贵人，让他们来推动我们前进的步伐，并实现攀升的目标，才是一个聪明人的选择。

人际交往中，如能结交一些有实力、有地位、有权势的人，将会对你日后的做事、发展、赚钱等方面起到意想不到的作用。

人的一生如果结交了有用的人，不仅可以慰藉情感，也可以为事业成功奠基。经常跟一些有价值的人保持来往，诸如能力较强的人、社交圈子较大的人、背景较深厚的人等，有助于把自己的人生和事业推向一个新的起点。

所以说，为了使事业成功，你要尽力结交一些有名望的人、有用的人，借助他们的力量，成就自己的一番事业。为此，你在人际交往中要有所选择，认清目标，找到对自己事业有帮助的人，然后与之联系，不要放过了与他们“深交高攀”的机会，要不断设法增进情谊。在他们的扶植下，你只要肯虚心努力，就可能成为崭露头角、受人关注的人物。

晴雨参加了几次未婚夫刘鹏的同学聚会后，感到颇为失望。未婚夫的朋友们看起来都很本分，而且每个人都没有什么交际圈，观念十分保守，而他们竟然还挺满意这种状态。晴雨这才真切地了解到，刘鹏缺乏“向上攀附”的资质。为此，她找了个时间，认真地和他进行沟通，讲清了自己“向上攀附”的计划。

幸运的是，刘鹏不是一个固执己见的人，他欣然地接受了她的建议。此后，刘鹏只选择那些有地位、有人脉的人参加的聚会，并努力结识公司内部有影响力的同事。刚开始的时候，当他靠近他们的时候，有些人对他似乎并不太热情，有的甚至对他爱搭不理的。

刘鹏气愤那些同事都是些势利的小人。后来，他弄明白了，同事没有理由“应该帮助你”，有些人之所以对自己不感兴趣，是因为自己还不具备让人感兴趣的能力与条件。

于是，刘鹏在工作中更加努力，还利用假期参加职业进修班提高自己的职业技能。在接下来的工作中，他不断创造业绩，很快受到了领导的器重，也和同事走得近了。获得自信心的他，比从前更愉快也更喜欢交际了。在旁边一直支持他的晴雨，对于他的这种变化感到十分满意。

良好的人际交往对人们有信息共享、情感沟通、互帮互助的作用。所以，人际交往要有所选择，不可四处开花，而要重点培养一些具有“利用价值”的友情。假如你有意识地想结交某人，那么你必须能够为对方提供某种利益。人与人之间一旦能相互交换利益、相互满足对方的需要，彼此之间的关系会更加牢靠。

与人结交并不是一件简单的事。有些人，你想交也交不上。没有关系，没有机缘，只有一厢情愿的希求显然是不够的。有些灵通人士，自有其非常之技巧，没有关系，他们设法建立，没有机缘，他们设法创造，即便人微位卑，他们也一样能节节攀升。

如果能和名人显要扯上关系，自己也便沾上光了，在别人眼里也就身价大增了。名人其实离我们并不遥远，只要用心攀附，其实你完全可能借用他们的力量。下面介绍一些可能与名流“搭上线”的方法。

1.托人引荐

设法联系与名流交往密切的人，如经纪人等，你要让中间人尽可能地了解你，并获得对方的一定信任和欣赏，这样他才会肯为你去引荐。一般名流对与他交往密切的人引荐来的人，自会刮目相看，比较重视。

2.积极主动地结识

结识名流心切的人，可以主动些。你可“冒昧”地给名流写写信、打打电话，从网上发发消息，主动提出结识要求，这种方式也不乏成功的案例。

一些高级场所是名流常去的地方，如高尔夫球场、飞机场、影剧院、音乐厅、高级商场等，不妨于此多出入几趟，说不定会遇到你渴望结交的名人呢。

一位朋友结交名流的经验是：“每次外出我都选择飞机的

头等舱。头等舱内成功人士较多，只要你愿意，大可主动积极地去认识他们。由于在飞机上确实也没事可做，我通常都会问对方：‘可以跟您聊天吗？’对方一般都会同意的。因此，我在飞机上认识了不少顶尖人物。”

与名流结交无须畏惧，只需要拿出眼力与勇气。与名流结交的同时，也别忘记提升自己，从而双管齐下地向名流行列迈进。

巧妙借势，做大成功之局

有人说“在风口之上，一只猪都能飞起来”，我信了，谁让世上存在着“势”呢！

在竞争日趋激烈的今天，你不必依赖“拼爹”，一样可以逆袭，只要你懂得借势，就能取得“风口猪”的效果，让自己一步步由弱变强，成为“枝头凤凰”。

俗话告诉我们：时势能造英雄。时机成熟了去做某一件事就容易成功；若时机不成熟，就先别去做，即使做了，成功的概率也不大。正所谓势顺而用力易，势逆而用力难。

例如，我在某处玩得正酣，一抬头看见一个危险信号，此时，我不跟它耍横，我躲开！几天以后，如果一切又回复到平稳状态，我就再回来。只要我愿意，我总能再回来。我已然懂得，懂得避险，是胜过排雷的。

懂了么，职场胜出者，往往不见得是因为能力非凡，而是因为善识时务，懂得顺势而为。

与其待时，不如乘势。要想成功借势，你必须学会审时度势，看准某一事物在将来会向何处发展，抓住现在的时机采取行动，根据不同的时势做出巧妙的安排，争取做出成功之局。借势而起，是某些有心计者常用的借力方法。懂得借势，你就可以事半功倍地达成自己的目的。

2005年，百度成功登陆美国股市，以27美元/股发行，一天之内涨幅竟然高达354%，百度市值由8.72亿美元飙升至近40亿美元。百度不仅再次创造了互联网企业的“神话”，而且成为了家喻户晓的明星企业。那么在短短的时间内，百度是如何做到这一切的呢？

以百度当时的状况，即使上市了，恐怕也没什么太好的效果，因为，美国的投资者没有人知道百度，更没有人用过百度的产品。要想在市场上一举成名，需要让美国的投资者认识百度。为了达到这个目的，老总李彦宏聪明地把百度的标签贴在了Google身上。

当时，Google是搜索业界的老大，其上市后，业绩一路攀升，是美国投资者追捧的对象。另外，Google在国内和百度是竞争对手，在中国搜索领域分别排名第二和第一，两家公司性质的相同性可想而知。

李彦宏“错贴”标签后，许多错失投资良机的投资者，把对Google未能尽释的热情转移到了对百度的热情追逐上。因此，借Google之势，百度一举成名。

在各种商业竞争中，时势真的很重要。我们选择行业、开创事业、做市场营销，都不得不考虑“势”。时势对人来说就是机遇，谁能看清对自己有利的时机，并制定出具体的行动计划和实施的办法，然后设法造局，顺势而起，借势而上，谁就能事半功倍地走向成功。

国内的借势营销，最为人们津津乐道的当属蒙牛乳业昔日的借势之举。创业初期，蒙牛捆绑行业老大伊利，打响了自己的品牌，并借政府之手请出伊利一同打造“中国乳都”；之后又借势“神舟一号”一飞冲天，借超级女声唱响全国。其中最值得一提的是与摩根士丹利、鼎晖投资、英联成为合作伙伴，它们为蒙牛的海外上市提供了捷径。事实证明，蒙牛的这次借势是最成功的。

蒙牛懂得只与能把自己送上“青天”的“好风”合作，最后得偿所愿，在短时间内迅速发展壮大起来。

个人或企业只要能认清形势，并采取相应的方式为自己造势，就能水到渠成地走向成功。

借势需要具有敏锐的触觉，能用独特的眼光去发现市场背后的机遇，然后，能巧妙地借势而上，将商机转化成可观的价值。深谙此道的智者，可以说一抓住机会，便要造势。造势一旦完成，接下来的行动无疑具有极强的杀伤力，其势如破竹，不可阻挡。甚至有时候为形势所迫，“有条件要上，没有条件创造条件也要上”。

要扩大企业声誉，创造新的商机，在自身的努力之外，还要善于借助一切可以利用的“势”。可以借助知名企业为自己的产品打开市场；也可以借助大众媒体壮大自己的声威，提高知名度。

借名牌造势，能提高产品的知名度，具有投入少、效果好的功效。因此“借名钓利”被人广泛地使用，借以树立自己的品牌形象，为自己的产品扬名，从而提高市场收益。

在白酒行业，有着这样的说法："南有茅台，北有皇台"。"皇台"酒是甘肃凉州皇台酒厂生产的一种酒，不为人所知。它巧用中国名酒"茅台"之名，抬高了自己的身价，吸引了消费者的注意，实在很经济划算。试想一下，如果你是个普通人，谁会注意你呢？可是，一旦你跟大明星站在一起，被传播出去，人们肯定会打听，站在大明星身边的那个人是谁呀？

总之，借势就是借梯上楼的高明之举，如若你也深得其中奥妙，能以积极的心态捕捉时机，并采取相应的方式为自己造势，生活中的许多问题就会很容易解决，进而使自己水到渠成。

学会"抱团儿"，"我们"比"我"力量更大

"凡事自己来"的想法是不可取的。成功之路漫长遥远，需要做的事情很多，单靠个人的力量是不够的，要想快速到达成功的彼岸，就要学会与人合作。每个人的能力都有一定限度，善于与人合作，能够弥补自己能力的不足，达到自己原本

达不到的目的。

在一个团队或组织内，每个人之间最好能形成相互补充的关系，包括才能互补、知识互补、性格互补、年龄互补等。随着科学技术的发展，很多研究项目是需要体现多边互补原则的。事实也反复证明，人才结构中的这种互补可以产生十分巨大的效应。

例如，超导微观理论的创立问题，曾经困扰了许多人。曾经有5位诺贝尔奖获得者力图解决此问题，却纷纷落败而归。而这项成果的最后夺魁者，竟然是巴丁、康柏和施里弗3个人。他们3个人组成了一个具有互补作用的人才结构：巴丁经验丰富，善于从宏观上把握方向；康柏年纪轻、精力旺，思维敏捷；施里弗头脑灵活、善于创新。他们发挥各自的优势，最后成功攻克了难题。

在这竞争激烈的时代，工作分工越来越细，许多事情都需要人与人之间互相合作才能完成。一个缺乏合作精神的人，很难适应时代发展的需要，也难以在激烈的竞争中取得成功。单打独斗也许一时能够逞能，但是只有学会与别人合作，才能长久屹立于不败之地。

合作具有无限的潜力，人们越来越需要精诚团结，在共同的大目标下努力把事情做好。身在职场，假如你能够使别人乐意和你合作，不论做任何事情，你都可以无往不胜。那么，应怎样让人乐于与你合作呢?

1.从内心深处欣赏他人

很多时候，为了突显自我，人都更愿意揪着他人的错误和缺点，而对他人的优点却刻意忽略。显然，这种行为是很难让我们融入团队的。因此，我们必须学会了解他人的长处并加以赞美。

实际上要从内心深处欣赏他人并不容易。只有提高修养、放宽心胸，才能真正地接纳他人。只有抱着欣赏的态度，多夸赞他人，以诚恳的态度帮助他人，团队协作才会变得很顺畅，这是提高工作效率的一项至关重要的因素。

2.坚持求同存异原则

当个人的想法与大团队的想法有偏离时，应本着求同存异的原则，共同推动团队的工作，而不是一意孤行、固执己见。

“求同”就是寻找思想、要求、利益上的共同点；“存异”就是保留不同思想、不同意见、不同利益。这些是构建和谐关系的基础和条件。团队内或多或少都会存在“共同意识”，你应敏锐地把握这种共同意识，以便缩短与团队成员的心理差距，进而达到友好合作的目的。

3.缺什么就及时补什么

我们要经常自检，看自己有哪方面的缺欠。如果专业知识不足，就要多读书、多学习，力争拥有广博而深厚的专业知识，在实践中提高工作能力。我们还要不断发现自身的短板，或是性格方面，或是技能方面，一旦发现，就要及时补上。作为团队的一员，只有练好基本功，增强自身实力，才能得到团队成员的欣赏与认可，进而和团队一起前进、发展。

总之，想与人建立良好的合作关系，我们就必须从自身做起，增强实力，培养真诚、付出、包容等品质。这样才能让他人愿意与你合作，才能获得更大的力量，争取更大的成功。

螃蟹效应：与其你死我活，不如大家都好

钓过螃蟹的人或许都见过这种现象，竹篓中只有一只螃蟹时，必须记得盖上盖子，只数多了后，就不必再盖上盖子了，这是为什么呢？因为当有两只以上的螃蟹时，每一只都会争先恐后地朝出口处爬，但篓口很窄，当一只螃蟹刚爬到篓口时，

其余的螃蟹就会用威猛的大钳子把它拖到下层，再由另一只强大的螃蟹踩着它向上爬。如此循环往复，无一只螃蟹能够成功出逃。

螃蟹效应反映出一种不道德的职场竞争行为，组织成员总不愿见到别人比自己混得好，他们经常因为个人利益明争暗斗，相互排挤与打压。最终导致的只能是企业做不大、个人做不强。

好斗似乎是人的与生俱来的天性，人都希望比别人强，都容不得别人强过自己。因此，在面对各种利益的时候，人们往往会选择竞争，拼个两败俱伤也在所不惜。其实这是一种目光短浅的行为，是一种非常浅薄的思维。在各种激烈的竞争中，我们与客户、与同事、与对手，都要摆正竞争与合作的关系，要以利人利己的共赢思维做事业，而不是以“杀敌一千，自伤八百”的赌气心态，非要拼个你死我活、两败俱伤。

要想生存及发展，各种竞争是必须的，但从长远上来说，需要的不是你死我活的争斗，而是共同发展。只有各让一步，你也达到目的，我也达到目的，双赢才可以让大家都满意，利益才能长久地保持。

理智地分析，那种你死我活的争斗，绝对得不偿失，因此我们应该活用双赢的策略，彼此相依相存，共同发展。学会放弃一点眼前利益，让别人也能够从中获得一些好处；能够做长久的打算，让和你交往的人都可以得到好结果，这才是明智者的生存法则。

晓鹃在竞争报社记者部主任一职时败给了竞争对手佳禾，心里很不是滋味，她担心自己以后在记者部没有好日子过了，于是特别想调离记者部去做一名专职编辑，但又不甘心放弃记者生涯。正在犹豫不决之时，她忽然得到一项佳禾交给她的重要任务：负责一个重大选题的采访，并被任命为首席记者。此任命着实让她大吃一惊。

对于自己的做法，佳禾这样解释：“如果我不再任用她，不再对她委以重任，部门里就会形成以她和我为中心的两个小团体。有了这样两个对峙的小团体，以后的工作还怎么开展呢？更何况她很有实力，工作能力强，又有威望，能承担富有挑战性的采访任务，处理得好，她会成为我最得力的助手。”

果然，晓鹃圆满地完成了此次采访任务。佳禾正确处理同事关系的方法受到了领导和同事的一致称赞。

与人竞争过程中，我赢了，可是你也没有输，这样的结果才是最令人满意的。无数事实证明，对于自己看不惯或者有利益冲突的人，最可取的办法是选择一条互利之道，团结为本，化解矛盾。

双赢的核心就是“利己”不“损人”，通过携手合作，取得皆大欢喜的结果。双赢要求各方面有真诚合作的精神气度，在合作中不能要小聪明，不能总想着占小便宜，要遵守游戏规则，吃独食是不允许的。

俗话说：有福同享，有难同当。踏入社会后，现实的磨砺和复杂的人际关系让我们渐渐明白了这句话的深刻含义，好东西不能自己独吞，要分给众人一些。

生活中，当你取得各种利益、赢得各种荣誉时，如果你独享那份荣耀，就是在威胁别人的生存空间，难免会令人产生嫉恨。因此，当你在工作上有特别表现而受到奖励时，千万别独享荣耀，否则这份荣耀就会给你的职场关系埋下隐患，带来更大的人际关系上的危机。

当自己在工作和事业上干出点名堂、立功受奖时，要懂得与其他人分享。言语上的感谢必不可少，物质上的分享更不能缺。在荣耀之下，不妨请大家吃顿饭，在饭桌上真诚地感谢帮助过你的人。众人分享了你的荣耀，受到了你的尊重，你们今后关系会更加融洽，众人也会乐意帮助你的。

事实正是如此，一个人“吃独食”最危险，大家都有汤喝才是硬道理。是否懂得这一潜规则，决定了一个人是阻力重重，还是步步高升。

借鸡下蛋，便捷有效的成功经验

在许多人的传统观念中，做生意需要本钱，没有本钱就无法做生意。持有此种观念的人，就算一生辛勤劳作，恐怕也摆脱不了贫困的生活。试看众多商海英豪，在创业之初，有多少人手里拥有很多本钱？没有本钱不要紧，只要你懂得如何去“借”。

善借别人的钱赚钱，善借别人的脑赚钱，借助别人的经验赚钱，等等，都是轻松划算的借力之举，都可谓是“借鸡下蛋”，都是发财发展的绝妙高招。

借鸡下蛋真如变戏法一般。想要在短时间内获得财富，借鸡下蛋是一条捷径。想要用好此招，就需要经营者有一定的眼光、胆略和技巧，且能熟知他人心理。所谓知己知彼，百战不殆，要迎合他人心理而动，从而煽动其“借出”的欲望。

灵活运用借鸡下蛋，既可赚取财富，又可积累工作经验，会让你受益匪浅。昔日的世界首富比尔·盖茨就曾别出心裁，巧用借鸡下蛋这一招来赚取财富。

当时盖茨开发的软件有限，当IBM公司突然找上门来要求提供电脑操作系统时，盖茨满口应承，声称马上可以开发出对方想要的操作系统。在与IBM签订协议后，盖茨没有挑灯夜战，自己去编写程序，因为在规定的时限内那是不可能完成的任务。相反，他开始寻找一家已经完成了开发电脑操作系统这项复杂工作的公司，并最终以 5 万美元的价格买下了这套操作系统。

这套系统经过盖茨6周的改装后成了大名鼎鼎的MS—DOS操作系统。在MS—DOS操作系统的基础上，微软后来才又开发出了Windows操作系统，而今天，微软的操作系统已经占据了全世界90%的个人电脑市场。

不难看出，盖茨之所以能创造出原本并不属于他的机会，实际上是通过扮演中间人的角色，联结起双方的市场，从而实现让自己“空手套白狼”。但是盖茨远比一般人高明之处在于，他没有赚一次就拉倒，而是把“生蛋”的“母鸡”养了起来。

所以，想致富没本钱不要紧，只要善用“借”的手段，就能轻松圆你的发财致富梦。不得不承认，社会上很多人都有着自己的得天独厚的资源，但是，这些资源是不会被轻易出借的。在此种情形之下，我们需要调整自己的心态，做一些资源兑换，如果能够让对方获得利益，对方自然就愿意将闲置的资源借给我们。

生活中，当你处境窘迫、遭遇困境时，不要一味地唉声叹气，而要先考虑一下身边有哪些资源可以利用，有哪些经验可以借鉴。这样就可以少走许多弯路，节省很多力气。

毕加索说过：“优秀的艺术家靠借；伟大的艺术家靠偷。”此话很深刻，让我们知道了，凡事要想快捷成功，都需要向前人学习或借鉴。

“他山之石，可以攻玉”，意思是说，可以用别的山上的石头，作为砺石，琢磨玉器；比喻可以借助外力帮助自己，或借鉴成功人士在某一领域的成功方法、步骤为己所用。通过学习别人的经验，可以缩短自己的奋斗历程，使自己在追求成功的路上少走弯路，从而快速赢得宝贵机遇。

你当然可以花上10年、20年，甚至更多时间，自己慢慢地摸索成功之道，但那终归是愚蠢的。成功最重要、最快捷的诀窍就是学习、模仿成功者。千万别过分自我迷恋，不愿意借鉴别人的经验。

刚毕业的时候，我曾经为今后到底应该从事什么工作冥思苦想过，为此花了很长一段时间，甚至为了此事变得异常忧虑，长时间深陷苦闷之中。

现在回想起来，我发现当初所犯的最大错误就是活得太自我，没有想到外面的世界。当时我曾傻傻地以为，只要冥思苦想下去，就一定能找到问题的答案。最后的结果是，不仅没有想出什么答案，反而添了几许抑郁。

现在觉得，如果当初的自己能够开放一点，学会向外界求索，读些相关书籍，多向成功者请教经验，就不至于被其困扰那么长时间了。

人总要历经无数失败，才能练就自己的成功之道。但是你可以不走这条老道，只要你善于模仿与借鉴成功者的经验，也许没多久就可以达到像他们那样的成就。向成功的人学习成功的方法，以他山之石攻己之玉，是追求成功的绝妙之道。

亚洲富豪李嘉诚就是一个成功的模仿者，善于思考的他以敏锐的眼光发现，生产塑胶花是一项值得模仿的生意，于是他充分模仿、潜心研究、大胆创造，很快积累了相当的财富。模仿是一种最简便的学习方式，你可以用较短的时间，学到别人需要很长时间才能总结出来的东西。只要不断学习他们成功的方法，就能够达到甚至超越他们的成就。

许多事情，我们经历不到，就体会不到，但你可以从别人的身上去感悟、借鉴。在国外，有些商人常以不同的方式听取顾客的意见，他们认为，一人计短，众人计长，“老板无主意商店”就是这样诞生的。此种商店让顾客替商店出主意，告诉老板经营什么产品最赚钱。这种经营模式具有很大新奇性，所以能吸引无数的顾客。综观这种经营模式，其本质是商店借顾客的“点子”经营，借顾客的智慧，发展自己的事业。

万事都要巧借力，没有一个人能够独自成功。若想工作有所收获，事业有所突破，就必须学会借助一切可以利用的力量，站在这些“巨人”的肩膀上寻找超越的机会。

第七章

淘金思维，你可掌控的绝佳财富

在迷茫喧嚣的时代，如果你没有独立的思想，就只能任人摆布及操控。如果你不想带着混沌的大脑浑浑噩噩地度过一生，那就开始学习并利用淘金思维吧！它能教你学会真正的独立思考，从而对各种观点批判性地选择，理性决策。思考的主动性一旦大大增强，就会更有利于发明和创新。

保持独立思考：从被动接收到主动创造

受“枪打出头鸟”“要听话”等传统思想的影响，中国人很少有自己独立的思想，不带头、不冒尖、跟风走、随大流，已成为人们明哲处世的保险做法。

长此以往，人们缺乏一种大胆质疑的精神，往往不会思考问题，容易人云亦云、随波逐流。

在社会生活中，不管干什么，都要坚持自己的思考、自己的判断。没有主见，就容易随波逐流，迷失自己的方向。做人没有主见，就容易一味地迁就、顺从别人。这种和善之举，实际上是软弱的表现。这种软弱容易使人逐渐失去自信，从而被人轻视或淘汰。

当我们在生活中无所适从时，当我们在人生的十字路口徘徊不前时，一定要有自己的主见，知道自己喜欢什么、需要什么。假如你认为自己的做法正确，那么你就继续坚持下去，不要理会别人的想法和讥讽、指责。每个人都要勇敢地坚持自己的主见。

潘石屹（著名地产商）说：“当我骑自行车远行时，别人说，路途太远了，你根本到达不了，我没理会，半道上我换成了小轿车；当我开小轿车时，别人说，小伙子，再往前开就是悬崖峭壁，没路了，快回去吧，我也没理，继续往前开；前面果然是悬崖峭壁，但我已换上了飞机。结果，我去到了任何我想去的地方。”

毫无疑问，我们只有摒弃“别人会怎么样说”的顾虑，才能树立坚定的自信，才能把命运掌握在自己手里。

生活中，当你提出某些有创造性的观点时，你要做好被否定和被怀疑的准备。如果你能毫不动摇地坚持，那么，你终会得到回报，虽然坚持创造性的代价可能有时会很高，但从众的做法所付出的代价会更高。

你或许知道，青霉素是英国细菌学家弗莱明在1928年发明的。当时，弗莱明在研究葡萄球菌的变种时，发现培植皿的边沿生长了一些霉菌，而这些霉菌周围的葡萄球菌没有了。在此之前，日本科学家古在由直等人也曾发现过这种现象，他们经过思考后，将此归结为普通的污染现象，认为是霉菌的迅速繁殖消耗了葡萄球菌生长所需养分，因而未做深入研究。而弗莱明面对此现象，大胆地将这一现象想象成“霉菌杀死了葡萄球菌”的结果，他积极地独立思考，并对这一设想进行了检验，最终从霉菌中分离出了一种能抑制细菌生成的抗菌素——青霉素。青霉素的应用，成功消灭了肺炎、白喉、脑膜炎等“绝症”，弗莱明因此获得了1945年的诺贝尔奖。

弗莱明之所以能做出重大创造发明，源于其思维的独特性。

独立思考，是以大胆怀疑、不盲从为前提的。它敢于打破及超越习惯性认知，能以新角度、新观点去认识事物，提出超乎寻常的新观念。对于众人的正确观点和做法，我们无疑是应当参考或遵从的。但并不是所有人的看法都一定正确，我们不能不辨是非地一概听从。要想获得创造的成功，就要力戒从众定式，学会独立思考。

独立思考是一种能力，它可以帮助人解决一系列问题。学会了独立思考，人在工作生活中遇到问题就会动脑筋、想办法，积极解决，而不是动辄放弃。

如今就业较难，毕业生往往供大于求。一位从事人才招聘工作的朋友感叹说：“现在招人不难，清华、北大随便选。”但是他又强调：“如今的学生知识充足，但是许多人在工作中独立思考的能力不够。”

接下来，他对此举例说明："我们单位前后共招进了十几位名校毕业生，他们普遍缺乏独立思考的能力，工作中但凡出现些问题，他们就不知所措，你指点给他们后，他们就按照指令把工作完成，却从没想过运用自己的思维力把工作做得更好、更让人满意。"这就是独立思考能力差的一种表现。

在工作的时候，有很多人不愿开动脑筋，多问几个为什么。他们习惯于依赖他人，领导怎么说，他就怎么做，平时怎么做，现在还怎么做。他们从不主动提问、思考，因此，他们很容易犯错误，或是原地踏步。这样的人，不管工作年限有多长，也不管跳过多少次槽，都学不会独立思考，也就永远发展不了。

工作时，特别要注意独立思考。只有在独立思考的过程中，思维能力才能得到锻炼及发展。诺贝尔物理学奖获得者韦尔特曼说："成功由很多因素造就，关键在于你必须是一个独立思考的人。"而独立思考表现在不轻信、不盲从、不依赖，凡事都要问个为什么，经过自己头脑思考明白之后，再接受。遇到各种难题时，我们要鼓励自己多思考，独立解决问题，在必要的时候再寻求指导，不能让自己形成依赖心理。

思考要有原创性，不能把网络搜索当作思考的过程。在这个信息爆炸的时代，淘金思维显得尤为重要。因为你遇到的所有信息几乎都是有目的的，许多信息发布者都希望其信息能够在某方面影响你的思考。面对这海量的信息，我们如果不具备良好的思考能力，不加思考就轻信，就可能误入某种圈套。因此，要不断追问以审察自己持有信息的准确性，避免误入圈套。

每天要抽出专门的时间用来思考，并写下思考要点。对于一个问题，不妨从两个相反的点想出两个方案，将思考的内容写在纸上进行预览和修正。在两个方案的基础上，综合分析，升级出二者的精华方案，从而将问题看得更加全面、透彻，更有利于问题的解决。

要给思考设定时限，时间有限，能激发思维的惊人爆发力，一般来说，专注力持续的极限是一个小时。

思考最重要的是坚持，经过长期锲而不舍的培养和训练，能逐渐养成独立思考的习惯。这样能提升自己的分析推理能力，发现问题、解决问题的能力也会得到提高，从而更有利于发明与创新。

凡事多问为什么，助你提升自我

生活中，大多数时候我们似乎习惯了“灌输式”思维。上学时老师时常指定一篇范文让我们背，我们总是当即不管不顾地就背起来。但当你想要知道“这篇范文好在哪里、值得我背吗”之类的问题时，就不得不使用淘金思维了。

淘金思维始于提问。意识到问题的存在是思维的起点，没有问题的思维是肤浅的思维，当人感到自己需要问“为什么”“是什么”“怎么办”时，思维才算是真正发动，否则，思维就难以展开和深入。

可以说，思维是从惊奇和疑问开始的。有了问题就会主动思考，有了思考才可能想出解决问题的方法。我们应养成这样一个习惯：在生活中遇事要问个为什么。

有头脑的人总是带着问题生存。强烈的问题意识是思维的动力，它能促使人们去发现问题、解决问题，直至做出创新。

成功的职场人士都喜欢问自己：“问题的原因是什么？”他们遇到问题时，不会因循守旧，不会被动去接受他人的观点，而会多问“是什么”“为什么”“怎么样”等。一个人有了这样的习惯，就能主动思考、观察，寻求新的思路；有了这样的习惯，他就不会只做一个机械的操作工、搬运工。这样的人最容易成功。

在工作中多问几个为什么，能让我们少走弯路，少出问题。而一旦出了问题，我们也应该多问几个为什么，这样才能真正解决问题，而不是暂时糊弄过去。

遇到问题之后，人们一般的反应是一上来就开始着手解决问题，就迫切地想要干货，想要方法，这是人们最通常的反应，也是最大的误区。大多数人不定义问题就直接行动，结果就容易导致在错误的方向上浪费太多的时间，而对于问题的解决却无济于事。

一位知名培训师去给某团队的员工讲课，讲应该如何解决各种工作问题。这位培训师一上来就匆匆讲完了“为什么”和“是什么”，很快开始讲起“怎么办”，各种策略、方法说得天花乱坠。

当时一位睿智的领导很快制止了培训师：我认为我们还是先多关注一下“为什么”和“是什么”，先把问题搞清楚，找准问题的原因到底是什么，之后再谈办法也不迟，对吗？

问题的根源在哪里都不知道，你的办法能对症么？面对问题的第一件事，不应该是直接动手解决，而应该是先问自己几个问题。例如，谁遇到了问题？问题是什么？这是什么类型的问题？问题的本质是什么？只有准确地定义了一个问题，才能真正找到高效的解决方法。

善于发问者能努力地寻求解决问题的方法，甚至让问题成为改变自己命运的机遇。生活中，我们应培养这样的问题意识：

平时应留心发现问题，有疑问就发问，不要害怕问问题，即便是别人都没问过的问题。思考是由一连串的问题组成的。如果能大胆发问，不犹豫退缩，多想一想自己应该怎么做，就会不断地收获经验，拓展观察视野。

多积累知识和经验，尤其应该多看一些训练思维的书籍，多读些充满睿智的思维故事，并进行认真理解及体会。这有助于培养我们的问题意识，也能培养和提高自己的逻辑思维和抽象思维能力。

无论看到什么，都要多问为什么。不管是谁，只要他养成比别人多想几个问题、多动几次手的习惯，那他就能比别人更好地改进工作，收获更多的成功果实。

想获得创造性成功，就要力戒从众

“他们都是这么说的。”我们经常会在一些场合听到这句话。在面对一件自己未知的事情时，人们常常会听信绝大多数人都认同的言论。这是从众效应在起作用。

从众效应是指个体在真实的或臆想的群体压力下，在认知上或行动上以多数人的行为为准则，进而在言行上努力与之趋向一致的现象。

从众心理有时对人们的思考和实践活动具有一定的指导意义。在有的时候，由于没有足够的信息或者搜集不到准确的信息，从众行为是很难避免的。有时，我们需要跟从他人的行为来进行策略选择，这样可以有效地避免风险和取得进步。但是，从众心理又极严重地扼杀了个性和思想性，妨碍了创造性思考。

人们都说当今是个性化的时代，但你走在街上仍会惊奇地发现，人们的衣着打扮是那样相似，红头发、明星T恤衫、体型裤等随处可见。有的女孩子长得又矮又胖，穿体型裤实在很不合适。其实，她完全可以打扮得更富有个性与魅力，可惜她没有那样做。问她为什么，回答是：“我这样打扮符合潮流，跟大家一样。”

从众心理的形成，常与一些不健康的心理因素有关，如从众可以不受指责，不受到追究，错了不丢面子，能避免发生争斗等。我们大多数的人，容易循规蹈矩地服从大众的意志，甘心被其束缚，从而随波逐流，活在别人的眼光和别人的言论之中。

我们总觉得别人更有经验，别人的话是对的，从而一概听从。尤其对于那些长者的话，更是言听计从。可是，每个人的人生都不同，你该怎么活，不应该由别人决定，他人的话或许是对的，但不一定适合你。我们能做的，就是减少盲从，运用自己的理性判断是非，坚持自己的观点。

在日常生活中，我们很容易轻信各种各样的结论。例如，“稳定的工作才叫工作”，“女人最好的出路就是找个有钱人嫁了”，等等。

然而，这些结论都是信口胡说，是站不住脚的，如若轻信这些结论，只会阻碍或限制自己的生活。

现在回头来看，当年一起大学毕业的同学当中，当初那些没有选择稳定工作的人，有许多无论是薪水还是工作经验方面，都不输给那些待在体制内的同学。再者，我们总是听说，某某嫁入豪门又离了，可见，找个有钱的人嫁了也并不总是一件那么美好的事情。

所谓盲从他人的意见，就是听到什么就轻易相信，从不经过大脑思考，或者说想了也没结果，干脆就听别人怎么说。在接受别人的观点之前，我们不妨扪心自问一下：“有什么证据吗？我怎么觉得不对啊？”如果有明确的证据可以证明自己的想法是对的，那就温和地坚持到底，切不可人云亦云，最终活成了被人轻视的路人。

屠呦呦因为发明青蒿素而获得诺贝尔奖，按理说这多么可喜可贺，然而在网络上却引起了一场举中医与黑中医的大战。在我看来，中医药虽然也有不尽如人意之处，然而，中医中药的确是博大精深的，它不仅更多地体现在经验科学，而且还与中国的传统文化密不可分。从某种程度上说，如果否定中医药学说，就从某种意义上否定了中国的传统文化，尽管实际上中国的传统文化是否定不了的。稍稍有些中医药常识的人都知道，中医所倡导的那种全局观、系统观，那种辨证施治思想，其实是相当科学的思维方式，它是西医根本无法取代的。在此，我不必过多地捍卫中医，但是从实用主义的角度讲，我们太多人都曾从中医中受益，如果因为一己之偏见就不加辨别地黑中医，这种错失是不是很可惜，也很悲哀呢？

凡事都不要轻信，尤其是一些没有依据或证据不足的言论，要经过自己的独立思考后再做结论。对于生活中的各种言论观点，越是理所当然，越需要去静心思考。

“理所当然”这个词不知道害了多少人，浪费了多少时间与金钱。独立思考的第一步，就是狠狠地向其开火。

个人总易受群体意识的支配，既易于英勇无畏，也易于犯罪。别人告诉你什么是理所当然的，你真的相信了，那么你就很可能会犯错误。

鲜美石头汤本身其实并不鲜美。只是由于众多路人相信它鲜美，并且纷纷献出了各自的食材，所以石头汤才变鲜美了。当大家都相信它的时候，谎话的确就会变成现实。一旦把问题的一面推至极限，很多谎言便不攻自破了。

众人公认的美，真的就是美的吗？回顾历史，女人的审美观恰好迎合了同时代男人的审美观。唐朝以胖为美，因此杨贵妃比较丰满；现代以身瘦胸大腿细为美，很多女性便以此为标杆。每个时代都如此，是否太过于迎合了！如果全世界只剩下女人，作为女人的你会怎么打扮自己？还会是现在的样子吗？

改变从众习惯的途径只有学会养成批判性思维，对言论本能地持有怀疑。懂得分析和思考问题，才能做出理想的判断及选择。

为了让自己的表达更有说服力，要让自己的观点有理有据，千万别让观点的理由总是“他们都是这么说的”。

同时，不要担心自己做出的判断可能是错误的，因为正确的判断往往就来自对错误判断的反思和总结。

权威可以相信，但不可迷信

我们从小受的教育都是接受型的，不利于培养批判性思考力，所以相当多的人只是徒有头脑，遇到问题后往往只有情绪和态度，而缺少思考和深入。一旦有权威的意见出现，头脑就会习惯性地选择一味听从。

权威即在某种范围内最有威望、地位的人或事物。有人群的地方就会有权威。权威的渊博学识和不容置疑的地位对维持人类社会的正常运转具有重要意义。因为有了权威的定论，我们研究化学时不必再从头去探求100多个元素间存在的规律性变化，而只需学一学门捷列夫的元素周期律就行了；我们不必再为两个大小不同的铁球是否会同时着地而争得面红耳赤，只需读一读伽利略的著作就行了……

权威在各行各业中起着巨大作用，如某牙膏广告会请著名医生举着这个牌子的牙膏告诉你它的功效，护肤品会邀请皮肤很好的女明星代言，等等。人们都不禁对权威肃然起敬，也乐于接受他们的劝告或引导，这在情理之中。但如果这种崇敬过分以致演变成迷信，那就不仅不正常，甚至是十分有害的。因为当我们对权威产生迷信时，便会习惯于服从他们的观点，不假思索地以他们的是非为标准来考察问题。这时，即使自己头脑中产生了一些创新的设想，往往也会由于违背了权威的定论或没有得到权威的认可而轻而易举地自我否定掉。

虽然在现实社会中必须有权威存在，但权威所说的话并非句句都是真理，权威也会说错话、做错事；世上没有永远的权威，再大的权威，他的学说也会陈旧，他的力量也会消逝，我们绝不能一味迷信权威，被权威牵着鼻子走。

愚者无疑，智者多虑。华罗庚是世界著名数学家，他的成就与自身具有较强的批判思维能力是分不开的。

华罗庚在思维活动中常常呈现出质疑性，对人们公认的现象、天经地义的事理、权威人物的高论，敢于持怀疑甚至批判的态度，从不轻易盲从。早在初中时代，已经对数学产生浓厚兴趣并进行了初步探索的华罗庚，就对苏家驹发表在著名刊物上的论文提出了质疑，并撰文予以更正。此事对他的数学前途影响是深远的。以至于，著名数学家王元后来评论道："华罗庚的这篇文章，对他的个人命运是决定性的。"

敢于质疑，能使思维处于一种探索求知的主动进攻状态，从而极容易产生新的思想与观点。所以，在接受权威"学说"时，要敢于采用相反的思路，不怕提出"愚蠢"的问题。

李四光有句名言："不怀疑不能见真理。"纵观古今中外，创新常常是从推翻权威开始的。或者说，敢于反对权威，这本身就是一种创新行为。

现实生活中，不少独裁者大搞"一言堂"，我们敢站出来反对吗？敢于向各种违规叫停吗？敢于发表不同的言论吗？其实，你对权威越是敢于批判，你的思维就越活跃，你对权威的批判性越强，就证明你能力越强，而这种能力正是各大企业一直缺少及提倡的。

反对权威，不光需要勇气，更需要能力及技巧。由于时间或空间的限制、知识面、价值观偏好以及不可掌控的因素等，人的判断推理都不可能是非常完整的，缺失在所难免。这也就要求我们不断地学习各方面的知识，不断地完善各种技能，最终争取用无懈可击的证据来支持你的论断。

生活中，许多人每天都面对着无数来自所谓专家的言论与误导。如在家庭理财中，人们经常会犯这样的错误，那就是盲目套用专家总结出来的理财法则。在此提醒大家，每个家庭的实际情况皆不同，专家的理财方式往往不适用，如果不动用自己的头脑而盲目套用法则，就不仅不能实现理财目标，还可能会遭受巨大损失。

记住：永远不要被权威所吓倒。无论是个人还是企业，只有勇敢地向权威说“不”，冲出思想的重围与禁锢，才能开创不寻常的事业。

集思广益对于成功大有裨益

一个科学的新方案的产生，往往不可能一蹴而就。一般说来，任何事物都具有多种多样的性质或属性，因而对于事物所出现问题的解决方法也应是多种多样的。在众多的方法中，必定存在一种最佳的方案，即它的运用可以获得当时条件下最理想的结果。

因此，在思考问题的过程中，必须先尽量全方位地思考，尽可能地利用好各种信息，力求得出更多设想，之后从中筛选出好的方案来，通过再加工得出高质量的新方案。这种集思广益的思维方法，能填补个人的思维及知识漏洞，通过互相补充、互相碰撞产生连锁反应，从而产生更多创造性设想。

对待难题的解决，通常需要运用思维发散，先提出大量的设想来，然后对提出来的这些设想进行审查筛选和提炼加工，力求选出最佳方案。

在处理比较复杂的问题时，一定要深思熟虑，个人的思路终归有限，因此不妨听听来自各方面的意见。实践证明，好的决策或方案都不太可能由几个人说了算，而是在众说纷纭的思维碰撞中得出的。对于众多意见，要懂得权衡利弊，综合判断，得出正确结论或好的方案。

北京奥运会吉祥物于2004年8月向全世界征集作品。2004年12月，由24名在艺术、文化领域具有杰出成就的专家学者，对662件吉祥物有效参赛作品进行了艺术评选。之后，由10名中外专家组成的推荐评选委员会，对进入推荐评选阶段的56件作品进行了审阅和评议。大熊猫、老虎、龙、孙悟空、拨浪鼓以及阿福6件作品成功入围。在集思广益的基础上，由评选委员会推荐成立的修改创作小组组长、著名艺术家韩美林执笔，最终完成了吉祥物方案的设计。

之后，韩美林根据各方提出的修改意见，对“中国娃”方案进行了进一步的修改完善，提出了以北京传统风筝“京燕”造型代替“龙”造型的修改方案。在表现手法上，将申奥会徽毛笔的笔触和奥运会会徽中国印的感觉相结合，大胆地用中国传统水墨画的手绘技法，重新勾画了五个福娃的形象，突出了吉祥物生动活泼的性格特质，在整体形象的艺术表现方面有了重大的突破。至此，北京奥运会吉祥物形象定位基本完成。

决策过程中，各种冲突是难免的。合理冲突能激发思维碰撞，对更好地解决问题有促进作用。索尼公司前总裁盛田昭夫对合理冲突在决策中的重要意义有切身体会。他说：“太多公司往往没有什么‘合作’与‘众谋’之说，这通常意味着个人意见是被忽略的。在索尼公司，我们鼓励大家畅所欲言，不同意见越多越好，因为最后的结论必然更为高明。索尼公司的成功，很大程度上是由于此点。”

可见，个人决断有时是不值得提倡的，征集方案应当敞开大门，广泛搜集各种意见。这样，能够集合众人思维上的各种优点，从而扬长避短，进一步优化方案。

解决复杂问题，不能局限于一个设想。如果只有一个设想，就没有比较，就难以判断这个设想的优劣。因此，在决策过程中，应充分扩展思维，尽可能地提出更多的设想，要力求穷尽事物的各种可能性，不留漏洞。

不断地提出新设想，是思维发散过程中的一种链式反应。这其中的设想往往会一个比一个更好、更完善。一个高明的新设想往往是从大量的设想中综合提炼而来的。因此我们说没有量的积累，就没有质的飞跃。思考的范围越大，解决问题的触角就会越多。这对于高质量的新设想的产生，是一种必要的前提和基础。

提出种种新设想后，要对它们进行对比、分析，一般是从成本、效益、可行性、风险度、可信度等方面进行切实而深入的分析比较，最终确定出最佳方案。

有了最佳方案，就可以用来指导我们的方向和行动，这对于成功是大有裨益的。

第八章

陷阱还是馅饼，取决于你的选择

人生路上，诱惑多多，看似馅饼，很可能是陷阱。在各种利益博弈过程中，一定要注意权衡利弊得失，既要善于甄别，也要学会取舍。博弈思维是一种带有选择性的思维方式，它是在理性分析、权衡和比较的前提下，在对手所采取的策略的基础上决定自己的策略，从而使自己收益最大，以弱胜强，壮大发展。

“大小互换”法：要大要小灵活掌握，会有更多收获

人际交往中有这样一种现象，在你向别人提出请求时，如果一张口就提出较大的要求，就非常容易遭到拒绝。如果你先提出较小的要求，待对方接受以后，再提出较大的要求，则更容易达成心愿。

从心理上来说，人们往往都不愿意接受较大的要求，因为它较难实现，费时费力还不讨好。人们拒绝他人提出的难以做到或者不愿意做的大请求是很自然的；但是对于某种小请求，人们一旦找不到拒绝的理由，就很可能会同意。而当他们介入了这项活动以后，便会产生自己乐于助人的自我认知。这时如果他们拒绝他人后来的更大要求，就会出现认知上的不协调，于是恢复协调的心理压力就会促使他们继续答应要求或给出更多的帮助。

一位女记者米兰要去采访一位很著名的人物，想请他就环

境保护问题发表12分钟的谈话。但对方非常忙，如果知道采访要占用他12分钟，极可能会当场拒绝。

该怎么办呢？经过反复考虑，米兰采取了先小后大的心理技巧。她先打了个电话："在百忙中打扰您非常过意不去，我们想请您就环境保护问题谈谈看法，大概只要5分钟就够了。听说您每天下午3点都要到户外散散步。如果可能，我想是不是可以在今天下午3点去拜访您，我们边走边谈就可以了。"

米兰的请求被接受了。米兰如约前往，采访于当日下午3点准时进行。当米兰从这位著名人物的宅第出来时，时间过去了整整20分钟，也就是说，这位著名人物破例和米兰谈了20分钟。而对米兰来说，把20分钟采访编制成12分钟的谈话，材料已非常充足了。

求人办事，可以先以一个小的要求，促使他人感到自己对人有益，以此逐渐扩大他们支援和帮助你的范围。对方一旦接受了你的小请求，他就可能在"好人做到底"的心理驱使下同意你的更大的要求。

在慈善募捐中，劝募者可能会向路人说："先生，您哪怕能为那位可怜的残疾人捐一块钱，也是您的一份心意。"那么，当路人从口袋里真正掏钱时就绝不会只是一块钱了。一位精明的推销员，当他向顾客推销服装而遭到拒绝后，没有就此罢休，而是很快提出了一个让人容易接受的条件："小姐，您试穿一下好了，不行的话我们会有礼物赠送的。"推销员先提出一个让人容易接受的要求，从点上突破，再试图激发顾客的购买欲。当顾客将衣服穿在身上时，推销员会称赞该衣服非常合适，并周到地为顾客服务。在此种情形下，当推销员再劝顾客买下时，很多顾客都难以拒绝。

男士在追求自己心仪的女士时，也切不可"一步到位"，如若直截了当地提出要与对方结为夫妻、共度一生，恐怕女士会在惊讶之余，对其避之唯恐不及。大多数男士不会这么莽撞冒失，他会邀请她一起吃饭、看电影、逛公园等，这些小要求实现之后，才顺理成章地提出求婚。这正是这种求人术的绝妙之处。

向人有所请托不能心急，要循序渐进，应由小到大、由浅及深、由轻加重才是。一点一点地引人接受，一点一点地诱人上钩，先力求取得局部突破，最终形成整体的胜局。这既是说话办事的小办法，也是嫁接成功的大策略。

聪明人正是利用这种策略去影响他人。向人提要求时，可以先小后大，逐渐加码，也可以先大后小，逐渐让步，具体选择需要自己根据实际情况灵活掌握。

有心计者想让对方为自己办某事之前，往往会提出一个对方根本不可能答应的大要求，待对方拒绝且怀有一定的歉意时，他们再提出自己真正要对方办的事情。为了减轻前面拒绝后的内疚感，对方往往会同意其较小的要求。这同直接提出较小要求相比，对方同意的可能性会大大提高。

美国心理学家查尔迪尼曾经进行过一项研究实验。研究人员将参与实验的大学生分成两组，对于第一组大学生，研究人员要求他们带领一些儿童去动物园玩两个小时，但只有15%的学生答应了这个请求。对于第二组大学生，研究人员首先请求他们花两年时间担任一个少年管教所的义务辅导员，这是一件费时费力的工作，几乎所有的大学生都拒绝了。接着，他们提出了一个小的要求，让大学生带领儿童去动物园玩两个小时。不就两个小时嘛，太容易了！一大半学生都答应了这个请求！

其实，带领儿童去动物园玩也是一件很费神的工作，但为什么当把这个要求放在另外一个较困难的要求之后时，会有超过一半的人接受呢？

其中的主要原因在于，大学生在拒绝别人的大要求后，感到自己没有能够帮助别人，损害了自己富有同情心、乐于助人的形象，辜负了别人对自己的良好期望，会觉得有些内疚。而此时别人又提出了一个小要求，恰好是自己能够办到的，为了建立或恢复在别人心目中的良好形象，也让自己心理平衡，他们往往会欣然接受。

假如你想向一个朋友借1000元钱，用什么方法比较容易成功呢？如果你这样问："嗨，老朋友，借我1000块钱花花吧？"得到的回答很可能是："借钱干什么，我还缺钱呢！"可是，如果你诚恳地说："老同学，我现在有个急事需要用钱，借10000块钱给我，行不行？实在不行，只借2000元帮我先渡过难关也行。""这样啊，倒是也行，但我手头没那么多，最多只能借你1000块！"看看，目的是不是也达到了？相比你直接向他借1000元，这个迂回的借钱方案成功率会大大增加。

在市场上，货主往往会把商品标价提高一两倍，之后在讨价还价过程中，他会慢慢地让到他的真正价位。这样会让买主觉得占了便宜，从而很痛快地购买。这种做法乍看有点儿不地道，却抓住了人们的心理，无论你是否真的让步，你得让人觉得你已经让了很大的步了。

实际上，我们在谈判过程中也经常采用此种策略。有时候人们会在谈判一开始就抛出一个看似无理而令对方难以接受的条件，这是为了让自己在谈判一开始就占据主动地位。谈判中，你要大胆向对方要求他不可能给你的条件，然后再慢慢做出让步。这样做的效果比从一开始就向对方要求合理的条件要好得多，往往会有意外的收获。

在教育管理中，我们也可以运用此技巧。例如，你想让贪玩的孩子每天回家只打一小时的游戏，你不妨说只允许他打半小时，在他的再三请求下，你“只好答应”一小时的要求，他便会觉得很满足，因为你已经让过步了。

在生活、工作中，有时需要我们不断地做出让步，所以可以说让步是一种智慧，更是一种赢得人心的策略。我们要学会利用人的微妙心理，巧妙地用一点小的让步换取更大的利益。

禁果效应：引而不发，以神秘感抬高身价

在生活中，常常会有这样的情形：你越想把一些自身的情况或信息隐瞒住不让别人知道，人们越对你隐瞒的东西充满好奇和窥探的欲望，甚至会千方百计地通过别的渠道试图获得这些信息。

此种现象存在的心理学依据在于，无法知晓的神秘的事物比能接触到的事物对人们有更大的诱惑力，也更能强化人们渴望接近和了解的欲求。这也就是我们常说的“吊胃口”“卖关子”。在《三国演义》中，就有一个诸葛亮“吊人胃口”、自抬身价的故事。

刘备求贤若渴，带着仰慕之情去拜访诸葛亮。前两次的拜访诸葛亮故意避而不见，给自己蒙上了一层神秘的面纱。也许正是因为诸葛亮懂得为自己制造神秘感，摆足了架子，才会让刘备觉得得之不易，对他格外地珍惜和器重。

而当时与诸葛亮齐名的庞统（凤雏），却有一番截然不同的遭遇。他不懂得像诸葛亮那般摆出高姿态，给自己制造神秘感，而是自降身价地将自己“送货上门”到孙权那里，却又为孙权所不喜；转投刘备时，一开始也并没有受到刘备的重用。他的这一番遭遇可以说是不懂“炒作”的结果，直截了当地表现自己，反倒自降了身价。

也许你会认为诸葛亮是故弄玄虚地耍心计，但你不能不承认，他的这番心计抬高了自己的身价，并赢得了刘备的器重，实在是很高明的。

如果我们仔细观察就会发现，许多成功人士几乎都有一个共同的特点，那就是善于制造神秘感，能适时给自己笼上一层光环，总是给人一种“雾里看花，水中望月”的朦胧感，轻易不会让人看透，总是让人充满窥探欲及期待感。

聪明人一般不会让人看出他有多大的才能与实力。不立即吐露一切的做法，能让别人产生追根问底的欲念，增加你的神秘感。只有保持一种神秘感，才能吸引别人的关注，从而展现出自身的独特魅力。可以让别人了解你，但不要让人了解得过于彻底；没有人看得出你才能的极限，也就没有人对你感到失望。让别人猜测你甚至怀疑你的才能，要比显示自己的才能更能获得崇拜。

真正的聪明人宁愿人们需要他，而不是追赶着需要别人。你要不断地培养别人对你的期望，不要一开始就展示你的全部。与其别人对你彬彬有礼，不如别人对你有依赖之心。别人一旦对你不再有依赖心，也就容易对你敬而远之，此经验启示我们：不要对人追赶得太紧，适度冷却是必须的。隐瞒实力和情感的诀窍是要胸有城府。

我有个朋友，喜欢一位女生，于是追得极紧，鲜花、礼物、钞票不知送了多少，那女生却始终对他若即若离，没有一句痛快话。一直到毕业后一起找到了工作，两人的关系还没定下来。我的朋友心急如火，这到底是怎么了？有明白人一语点透：你对她稍远一点儿试试。于是他借口工作忙，一星期也没给她打电话，再见面时，也是行色匆匆，一副高深莫测的样子。如此这般，那女生终于沉不住气了，反倒来找他诉委屈。

这就是禁果效应的变相应用，适时地冷却反而会加深彼此的感情，更有利于下一个行动。小到恋爱中的风花雪月，大到社交场合的人生际遇，无不如此，如谈判场合。

说起谈判，难免让人感觉到一股杀戮之气，令人不谈也畏惧。其实你不必太多顾虑，谈判从根本上来说就是想办法协调冲突，尽力说服。因此谈不妥，谈判就一定没结果。如果你想要用言语震慑别人，说得越多，对方的逆反心理就会越重，越无法掌控。因此许多擅长心理战的高手都懂得适时冷却，经常会利用沉默来达到目的。

在谈判桌上，卖方向买方提问："你能尽快成交吗？"买方沉默。卖方又问："本月底以前，你如果能决定成交，我们会有一定的优惠，怎么样？"买方若有所思，但仍缄默不语。卖方沉不住气了，说："我们公司计划在近期内大幅涨价，如果你这个月底仍不成交，就亏大了。"这样，买方一言未答，一举未动，就获得了宝贵的信息，一项谈判就此成功了，取得大额利润也是自然的。

当有人求你办事时，不要贸然答应他，而应慢慢悠悠，吊足他的胃口，摆出一副成竹在胸、沉着冷静的姿态，从而逼迫对方沉不住气，先亮底牌，此时再答应他，对方会更觉称心如意。

凡勃伦效应：不仅要会做事，还要会“作秀”

在人才辈出、竞争日趋激烈的今天，一个人仅仅拥有才华是不够的，还必须通过各种手段使自己的才华为人所知，得到社会的承认。你如果不主动出击，让别人看到你，知道你的存在，知道你的能力，那么就只能“坐以待毙”。

只有敢于表达自己，设法吸引对方的注意，才有可能得到机会。其实每个人都不乏才华与能力，但我们尤其需要学会醒目地亮出自己，为自己创造各种发展机遇。

成功需要持续的好运气，而持续的好运气是因为积极准备、主动创造的思维。一个人要想有所成就，就要积极主动地把自己的才干展示给他人看。要学会恰当地运用焦点效应，一次不行，就多表现几次，在一个地方表现无效，就在多个地方进行表现。表现多了，被发现、被赏识的可能性就会增大。

一个优秀的人如果一味深藏不露，而不懂得表现自己，这样即使他才华再出众，也会渐渐被埋没。现在是一个讲究张扬自己个性的时代，对于诸多职场人士来说，在关键时刻恰当地张扬也就是“秀”一下，不失为一个引起别人注意的好方法。

如果你想要有所成就，就不要奢望别人主动地来关注自己，而要积极主动地把自己的才干展示给他们看。把自己的美展示给别人，从而赢得机遇的青睐，仅仅需要一些思考及勇气。

无论是找工作还是想晋升，与其坐等伯乐，不如自我推销。只有高明的展示才能得到别人的欣赏与认可。别人永远不会赋予你理想的价值，你必须适当地夸大自己的价值，自我销售。

如果你总把自己讲得一无是处，讲能力差、讲经验浅，讲目前还存在的困难等，对方听了会感到失望的，自然对你也就没有太大兴趣了。如今之社会人才不缺，可供选择的余地很多，你既然扭扭捏捏地表示自己这也不行、那也不行，那么，谁还会有闲时间用以考察了解你呢？

在此情形下，学会自夸，运用好凡勃伦效应就显得相当必要了。凡勃伦效应是指消费者对某一种商品需求的程度会因其标价升高而增加，商品价格定得越高，越能受到消费者的青睐。这反映了人们在消费中的一种攀比心理。在现实生活中，类似凡勃伦效应这种自抬身价的行为随处可见。例如，有些影星要求提高片酬，主持人要求提高出场费，乃至于公司的职员要求老板加薪等，这些都是自抬身价的行为。

身在职场，人也成为了一种商品，每个人的身价都不同，有的人年薪几万，有的人可能年薪数十万甚至上百万。人的身价太低，别人看不起，把身价提高了，别人反而觉得你真了不起！所以当你向一个还不熟悉、还不了解你的人介绍自己的时候，不要刻意把自己说得很低，也不要过于谦虚。此时，你可以适当自抬一下身价。你可以适当地夸大你目前所干的事情，夸大自己的能力和成就等，这样能使别人对你羡慕、相信甚至崇拜，对方才会为认识你感到荣幸，愿意与你交往。只有成功地把自己展示给他人，让他人发现你的能力，你才会有机会参与合作、被提拔、被重用。

改变怀才不遇的最佳途径是学会运用凡勃伦效应让人注意到你的业绩、赏识你的努力。应在合适的时机、场合向人展示你的能力与成绩，这有助于得到他人认可及赏识。

要想得到他人的赏识，成为他人的知心人，就需要平时多与人交往。接触领导等人的机会、渠道有许多，需要自己去积极创造。与人接触多了，对方对你的能力和作为有所了解后，自然会经常向你交办一些事情。当你完成了一件很棘手的工作后，一定要学会做汇报，让他知道你有相当的工作能力，不是只会吃干饭。这就等于为自己的发展前程铺好了一块砖。

总之，推销自己是一种技巧，没有技巧的话，你只能是芸芸众生中的普通一个。推销自己是一种能力，有了这种能力，你才能抓住机遇，使自己立于不败之地。

变脸策略：扮黑脸可威慑他人，扮红脸可笼络人心

常言道：柿子只拣软的捏。欺软怕硬是人们的一种常见心理。虽然我们在人际交往中遇到的大部分人都是善良的，但世间除了善良的人以外还有很多“好战分子”。所以，你必须懂得有时需以坚定的姿态来捍卫自己的利益，让他人觉得你善良

但并不软弱可欺。为此，学会“变脸”就显得非常必须。

从直观上来讲，“变脸”有点儿让人觉得太神经，缺乏一种真诚；但从现实来看，“变脸”能够软硬兼施、刚柔并用、德威并加，不失为一种圆融处世的计策。

为人处世，和睦友好是原则，但如果对方原本就粗俗、蛮横、欺软怕硬，你也不能只是一味地退让，更不能对他低声下气，那样，只会令对方得寸进尺，更加侵犯你。所以，你必须让他觉得你善良但并不软弱可欺。你可以一会儿黑脸，一会儿红脸，扮黑脸充莽汉可杀灭对方气焰，扮红脸充好人可给人台阶，圆满收场。

人际交往中的各种场合，懂得自保是必须的，而后才论及进攻及取胜。面对他人的欺辱，如你若一味地“软”，扮着粉红脸，他人必然认为你好欺负，乃至对你更加强硬；而你若总是黑着脸强硬或白着脸使诈，令对方下不来台，与你针锋相对，又会让你受阻重重，无法收场。高明的操纵者，懂得红黑相间、红白并用，追求软硬兼施的巧妙效果。至于先硬还是先软，则要因事、因时、因人而异。

人际交往中，沉默是金，不过，若总是沉默，那么不是天生失语，就是懦弱无能。必要时，发点儿火是需要的，特别是在涉及原则问题或在公开场合遭遇难堪时，必须以发火压住对方。“火”到一定程度，就要适时地消火降温，转换口气，缓和气氛，不能“得理不让人”，一怒到底。如果任由怒火放纵，一怒而不可收，即使你的动机再好，恐怕也难免把事情搞糟。

真正聪明的人，应该红脸白脸都唱得，懂得适时发怒也能够及时善后，从而有策略地逐步做好收服人心的工作。

要使示弱产生积极效果，必须善于选择示弱的内容。如果你各方面较成功，就应说说自己失败的记录、现实的烦恼，给人以“实诚”的感觉。某些专业上有一技之长的人，最好宣布自己对其他领域一窍不通，袒露自己在日常生活中如何闹过笑话、受过窘等。例如，你是大学刚毕业的新教师，由于对教育理论颇有研究，讲课亦颇受学生欢迎，深得领导信任，以致引起一些任教多年的老教师的嫉妒。这时，你若向其示弱：教学经验一点都没有、对学校和学生的情况很不熟悉等，再辅以“希望老教师多多指教”的谦虚话，无疑会有效淡化自己的优势，衬出对方的优势，减轻弱化老教师对你的嫉妒。

示弱是一种拉近心理距离的有效手段，它能减少或抵消你前进路上可能产生的消极因素，更有利于你的平稳发展。

但倘若你碰到的是各方面不如你的对手，那么你不妨适时显露你比他强的一面。这样可以消除对方的轻蔑甚至恶念，避免不必要的麻烦与损失。这里的示强是防卫性的，而不是侵略性的。

在一定条件下，示弱可以避免冲突、保存实力；而在人前显示自己强大的一面，也是一种高明的生存智慧，让他人看到你的强大，你的利益和尊严才能够得到保证。

识人秘诀：眼、耳、心并用，彻底将人认清

人生在世，不仅要自知，还要知人。人际交往中，离不开对人的观察与识别。领导识人是为了知人善任，而商人为了赢得顾客也需要体察人心。我们大到为了成就一番事业，小到为了防止吃亏上当，都要对人有个基本的了解与评判。

生活中跟各种各样的人打交道是难免的，现实需要我们对他人做出正确判断，以保护自己、发展自己。如果不会识人，就很可能被一些人的表象所迷惑，乃至上当受骗。

宋代大文豪苏轼曾经和谢景温关系不错。有一次两人在郊

外漫步时，正好一只受伤的小鸟从树上掉了下来，谢景温抬脚就把这只受伤的小鸟踢到了一边，没有半点怜悯之情。苏轼看到他这个漫不经心的动作，觉得他内心冷酷，断定这是个损人利己、不可深交的人。不出所料，到后来，谢景温为了讨好王安石，便加害苏轼，诬陷苏轼运售私盐，企图将苏轼治罪。

单纯的人不会识人，也不去体察人心。他们总把人的心理和行为理解得过于简单和单一，因而很可能被一些人的外表所迷惑，以致上当受骗。

复杂而残酷的现实告诉我们：为了生存必须学会识人。识人，就是通过对他人种种的观察，进一步了解其性格及内在品质。会识的人识全面，不会识的人仅识到枝节；会识的人读内在的本质，不会识的人仅读表面的现象。人仅仅能力强、会做事还不够，会识人才是最重要的。这不仅是生存的需要，而且是一种智慧的体现。

古今中外，所有有所成就的人，几乎都是观人识人的高手。会观人识人才谈得上会用人，而会用人，是创造业绩的前提。留意别人的一举一动，做到洞悉他人，在人际关系之中才会有胜算。

辨才识人，需从细微处入手，力求全面。不能仅看某人在某一时、某一事、某一方面的表现，而要从多方面进行观察，进行综合性的思索，然后再做出结论。在日常生活中，我们就要养成多听多看的习惯。如果我们仅仅依据他人的只言片语而对人做出结论，难免具有片面性。只有听其言、观其行、洞其心，经过多方面的观察之后，才能真正认识一个人。

通过学习，谁都能成为识人专家。辨才识人是有据可循的。

1.随时观察

我们可以在日常工作和生活中对他人进行有意识的观察。留心被观察者的言论举止，看其觉悟高低、能力大小；通过观察他结交什么人、鄙弃什么人，看其思想状况和品格高低；通过被观察者在关键问题上和关键场合中的表现辨其良莠。

2.语言交谈

心有所思，口有所言。通过话语这个窗口，可以窥视人的内心世界，言谈能告诉你一个人的地位、性格、品质及其流露的内心情绪，因此听人说话是识人的关键所在。人内心的思想，有时会不知不觉在口头上流露出来，因此，与别人交谈时，只要我们留心，就可以从谈话中深知别人的真实本性。例如：某大酒店的总经理王先生表示，他主持面试时，故意对前来应征的人采取非常随便的态度。起初年轻人都规规矩矩地应答，但不久，他们的习惯语就会脱口而出，而王先生就利用这种方式来了解应征者的真实面目。

总之，做到洞悉他人，在人际关系之中才会有胜算。若想真正做到“知人知面又知心”，就从现在开始“用心”看人吧！

南风法则：动之以情比动之以武力更有效

在日常生活中，你想要别人帮助你，想要别人心甘情愿地为你工作，想要别人买你的产品，想要改变别人对某一事物的看法等，不可压迫强求，而要从情感上投入打动。只要我们抓住别人的感情脉搏，动之以情，他们是会接受你，进而帮助你的。

一天，北风和南风比威力，看谁能把行人身上的大衣脱掉。北风首先来了一个冷风凛冽刺骨寒，结果行人为了抵御北风的侵袭，便把大衣裹得紧紧的。南风则徐徐吹动，顿时风和日丽，行人因为觉得身上温暖，便解开纽扣，继而脱掉大衣。南风获得了胜利。

南风法则也叫作“温暖法则”，它来源于法国作家拉·封丹写的这则寓言。它告诉我们：温暖胜于严寒。

尽管在当今社会，由于生活节奏的加快，人与人之间的关系较之以前稍显淡漠，但是“人情生意”是不可间断的。人际交往中，多注意对周围的人做点感情投资是值得的。即便现在没大鱼可钓，也不妨对身边的小鱼来一个“全面撒网”，为自己创造日后发展所需的人脉。清朝红顶商人胡雪岩，其高超的交际手腕总让人大为叹服，胡雪岩的过人之处是“吃透人情世故，从不会轻忽小人物”。浙江巡抚王有龄对胡雪岩的发迹起着绝对作用。最初王有龄不过是一介穷书生，胡雪岩那时就对他全力相助，等同投资了一笔交情生意。多年后王有龄一发达，处处提携胡雪岩就是很自然的了。

要广增人脉，不仅需要物质上的努力，更需要的是注重将心换心，不因他人卑微而生鄙视之心。人人都有爱的需要，因此感情投资就成了维系关系的最佳手段和人际交往的主要工具。就像叱咤日本商界的风云人物藤田说的：一位与公关有牵涉的人士，如果不懂感情投资，一定不能算合格。人情做足了，自然会赢得别人的万分感激，从而不遗余力地回报你。

“感情投资”应该是经常性的，应该处处留心，从小处着眼，时时落在实处，善待每一个与自己相关的人。分析那些在社交场合广受欢迎的人，其实他们只是参透了人心的微妙，留意了一些不被人注意的小事。人心微妙，事无大小，越是小事，就越可体现出一个人的品格情操。

只有发自内心地关注他人，才能赢得他人的注意、帮忙和合作。你不妨对每一个结交的朋友多一些关注，适时送一些他们喜欢的礼物，在适当的时候问候他们的家人等。既懂得工作的重要，又深知人情的不可或缺，随时把心中最真诚的关爱带给大家，这正是增进人际关系的要诀。

各种说服工作在很大程度上可以说是情感的征服，只有善于运用情感技巧，以情感人，才能打动人心。如果你希望某人为你做某事，你就必须用感情，而不是用智慧。用智慧可以刺激一个人的思想，而谈感情却能刺激他的行为。如果你想发挥说服力，就必须尽可能地调动对方的感情。只有合情才能合理。所以，说服的过程，实际上就是情感互融的过程。

攻心说服最基本的要点之一是巧妙地诱导对方的心理或感情，以使被说服者信服。当对方态度或思想上一时转不过弯来时，你切不可急躁，而应动之以情，晓之以理，心平气和地对对方讲道理，引导他提高认识，辨明真相。

在劝说别人时，应推心置腹，动之以情，讲明利害关系，使对方感到你的劝告并不抱有任何个人目的，没有丝毫不良企图，而是真心实意地帮助被劝导者，为他的切身利益着想。

如果想赢得对方的心，首先就要让对方从情感上接受你，认为你是他真诚的朋友。这样对方就容易启动理性思考，顺着你的指引前进。

弃子战术：人生的棋局更要懂得“舍车保帅”的智慧

人生如棋局，一开始，我们忙着为人生布局，此时，我们只知道有便宜占就是好的，于是就与别人去争去抢，这就是“吃”棋。后来我们棋艺精进，学会了打劫和弃子，只觉得最艺术的是打劫，而最智慧又最难把握的是弃子。

对于整个棋局来讲，大局才是最重要的，有时候为了整个局势，弃子是必须的。如若不懂得舍弃，就很难走出困境，还可能会得不偿失。

得与失始终是一对矛盾。现实中人不得不在这两个字之间徘徊、纠结。

假如让你在得与失之间做出选择，你很可能会毫不犹豫地选择前者。这是在情理之中的，人总是需要得到许多才能生存下去。

然而世人都太贪心了、太盲目了，为了眼前的一点得益，他们失掉了长远的利益；为了有限的得，最终反而失掉了更多。真可谓“得了芝麻，失了西瓜”，及至开始醒悟时，一切都已经太迟了。

在许多时候，在得与失之间，我们都应该好好权衡利弊，进而做出正确的抉择。每个人都希望好处兼得，但是我们所面对的往往是鱼和熊掌之间的艰难抉择。鱼和熊掌全都想要，结果鸡飞蛋打，一样也没捞着，这是悲剧，其原因多在于什么都不想舍弃；鱼和熊掌全都要到，这是最好、最理想的结局，但这往往是不可能的；在鱼与熊掌之中选一个，这是最现实的问题，需要理智决断。

当最好的“得兼”已注定了不可能时，理智取舍是最明智的选择。有的人急功近利，为了一时的眼前利益，可以不择手段。但急功只能近小利，只有放长线，付出心力耐心地等待才能钓到大鱼。有舍才有得，有时候，丢卒保车、舍鱼而取熊掌非常有效。

聪明人懂得深谋远虑，能从整体上对局势进行分析和判断，懂得舍小取大，进而做出正确的选择。

在面临取舍的危急时刻，人往往容易手忙脚乱，失去眼力，乃至只见树木而不见森林。很多时候，舍不得局部的或眼前的一些小利益，就很可能会使自己损失大利益，甚至招致灾祸。有一些事情，表面上看来是获得，但是从整体、长远看来却是损失，智者不会被此所迷惑。

人生就是这样，左右为难的情形会时常出现。当鱼和熊掌不可兼得时，就得机智取舍，果断放弃。当年的比尔·盖茨放弃了继续学业，创立了微软公司，成为了世界上最富有的人。有人说，比尔·盖茨即使看见地上有一张百元大钞，也不会弯腰捡起，因为捡起这张钞票的同时他将损失上百万美元。这种说法似乎颇有道理，比尔·盖茨是懂得取舍的智者，他明白，放弃眼前的100美元，他将得到更多的收益。

在日常生活之中，要懂得取舍；在人生的紧要关头，更要敢于“舍车保帅”。

善于舍弃，是一种当断则断的勇气，是一种审时度势的智慧，从某种意义上来说，“舍”本身其实就是“得”。善于舍弃，主动向后退一步，反而会获得更多的利益，拥有更加广阔的发展空间。

格局效应：别做井底之蛙，格局大了路才能宽

格局不够大，人生成就再高也有限。石榴的生长受限于栽种它的容器；再大的烙饼也大不过烙它的锅。我们所希望的未来就好像一张大饼一样，是否能烙出满意的“大饼”，完全取决于烙它的那口“锅”——这就是所谓的“格局”。

如果我们想谋求发展，创造业绩，就应该先为自己谋划出一个大的人生格局来。什么是格局？格局就是指一个人的眼光、志向、胆识等心理要素的内在布局。所谓大格局，就是拥有远大的理想、目标，能以发展的、战略的眼光看待问题，以团结异己、合作共赢的胸怀来做事情，谋划自己的发展。谋大事者必要布大局。近代重臣曾国藩在谈到如何将事业做大时，有这样一句话：“谋大事者首重格局。”一个人的发展往往受局限，其实原因就在于格局太小，为格局所限。这就好比花盆虽然能培育出美丽的花朵来，但“花盆难栽万年松”，松柏要想茁壮成长，必须突破花盆的限制。对一个人来说，格局有多大，成就就有多大。

有很多人并不是不想成功，但是他们总觉得自己的各方面条件缺欠，能力也有限，也没有丰富的人脉关系，因此，他们

就觉得成功与己无关，只是一些可望而不可即的东西。其实，这种认识是错误的，这种观点也是格局小的表现，格局不是先天性的东西，和环境也没有多少关系，真正阻碍你发展的往往是你的自我设限。

很多时候，当我们刚萌生一点雄心时，就习惯性地告诉自己："算了吧，我想得未免也太过头了，我只有一个小锅，可煮不了什么大鱼。"我们甚至会进一步找到借口来劝退自己："我的能力没有那么大，还是挑容易一点的事情做就好，别做非分之想了。"

不想当元帅的士兵，不仅永远当不上元帅，更无法成为一个好士兵。没有大目标的人就如井底之蛙一般没有远见，只能待在自己的一井之底。

其实，你应该放开思维，站在一个更高的起点，给自己设定一个更具挑战性的目标，这样才会有努力的动力和广阔的前景。在订立目标方面，千万不要有"宁为鸡首，不为牛后"的思想。

人生需要梦想，拥有怎样的梦想，就会拥有怎样的命运。如果把自己封闭在已经熟悉的环境和空间中，浑浑噩噩地过日子，就会安于现状，不思进取。很多大人物之所以能成功，是因为他们在自己还是小人物的时候就开始构筑人生的大格局。有了一个大的格局，你的人生也就成功了一半。

在瞬息万变的市场竞争中，谁能够胸怀志向、目光远大，具有开阔的眼光和视界，能从全局上考虑和谋划人生，谁就能争取战略上的主动，从而可以从小到大、从弱到强，做成一番轰轰烈烈的事业。

你如若没有一个大的梦想，就没有动力一直往上爬，到最后只能沦为龙套，成为别人的陪衬。所以，每个人都要敢做梦，敢做梦才可能成为人生大赢家。

第九章

远离焦虑陷阱，打造快意人生

焦虑是对现实压迫的一种情绪反应，积聚到一定程度，便成了焦虑陷阱。如何避开呢？静心思考是良策。静心思考是一种理性的态度，能抵制浮躁，让身体和精神都张弛有度、舒缓得当。当一个人静心思考时，才能看穿迷雾而清醒地认识自我，找到让自己安心的位置，从而祛除焦虑，赢得幸福人生。

减少忧虑，活在当下

所谓“人无远虑，必有近忧”，意思是说，如果人不做长远的考虑，那么就一定会为现在的问题忧愁。

人要有远虑，多考虑几步才能有备无患。但可悲的是，太多人早已在不知不觉间将远虑变为了忧虑。想想看，你的一生是否这样度过：上学的时候，忧虑考不进好大学怎么办；随后，为找一个好工作忧虑；接着，忧虑结婚对象究竟在哪里；然后，又为孩子的未来而忧虑；后来，孩子长大了，你自己也退休了，却已疲惫得几乎连路都走不动了……你这才发现真正快乐的日子很少很少，可悲的是，人生已经回不去了……

我们每个人的内心深处都有很多目标、很多梦想，希望自己可以拥有车子和房子，希望拼命工作能使自己升职晋级，希望孩子能考上清华、北大，希望……其实，目标和理想只是用来激励自己的，而大多数人却让它们成为了忧虑的根源。如今，忧虑似乎已经变成了一种生活常态，也是人性中无法逃避的悲剧。

在生活的间隙，我们不妨问自己一个问题：你对人生觉得了无遗憾吗？你认为想做的事你都做了吗？你有没有好好生活过、真正快乐过？

现实生活中，人有忧虑过去的，有忧虑未来的，但能真正地活在当下的，的确是太少了。放下过去的烦恼，舍弃未来的忧思，全身心投入眼前的这一刻，吃饭的时候就专心吃饭，睡觉的时候就专心睡觉，工作的时候就专心工作，玩耍的时候就专心玩耍……这就叫作活在当下。

活在当下，是一种珍惜生命的态度、一种淡定从容的脚步，更是一种科学而理性的思维。活在当下，是智者所为。

许多人喜欢预支明天的烦恼，总是想提前一步解决掉明天的烦恼。其实明天如果有烦恼，你今天是无论如何也无法一下子解决的，每一天都有每一天的事情要面对，做好今天的事情就行了。

假若你时刻都将心力寄托在未来，却对眼前的一切视若无睹，你永远也不会得到幸福。在生活中，存在着一个惊人的事实，精神病人以成倍的数字增加着，这些人大多是因为不堪忍受生活的重负而导致精神疾患的。正是由于他们不懂得“人只能活在今天”，所以才如此哀伤、抑郁。

对于这些人来说，放下过去的烦恼，舍弃未来的忧思，全身心活在当下，才是明智的做法。当你全力活在当下，没有过去和未来的牵绊和束缚时，你全部的生命能量都集中在这一时刻，生命会因此具有一种强烈的张力，它能促使你巧妙地发挥潜能，造福他人的同时也让自己快乐。

活在当下，珍惜今天，过好此刻，才是最真实的。不必让未来很幸福，只要让当下很幸福就足够了。珍惜眼前，不要因为担忧明天或是沉湎过去而白白浪费了一个又一个大好的今天。

幸福没有明天，也没有昨天，它只有现在。活在当下意味着无忧无悔。对未来会发生什么不去做无谓的臆想与担心，所以无忧；对过去已发生的事也不做无谓的思虑与计较，所以无悔。人能无忧无悔地活在当下，珍惜眼前的真实拥有、实实在在地过着每一天，就是最幸福的生活。

刘若英有一首歌叫作《我的眼前的幸福》，里面有一句词："不想太多，不管未来，我的眼前的幸福。”这句话向人娓娓道来了一个似传说一样的秘密。于是我豁然开朗，明白了一个道理：发现今天的幸福，把握身边的幸福，珍惜眼前的幸福。

其实，幸福一直就在我们眼前，眼前的人或物就是我们幸福的所在。珍惜眼前，不要让我们的幸福悄悄溜走，点点滴滴的小事：家人的呵护、朋友的帮助，同事的鼓励、风景的悦目……都是值得我们珍藏心底的。活在当下，不要回避今天的真实与琐碎，而要走好脚下的路，唱出心底的歌，欣欣然面有喜色地前行，你会发现，生活原本是美好的，你是最棒的那一个！

做好职业规划，别再“骑驴找马”

不知道自己想要什么，能干什么，是当下许多人的“通病”。因而他们往往在找工作的时候感到犹豫和迷茫。

但是，如果一直习惯于“骑驴找马”，它就会从简单的行为选择演变为一种顽固的心态。这种心态危害很大。它带给人们的是浮躁、责任感缺失、职业生涯不连贯，以及无法消除的迷茫！

“骑驴找马”者们最大的悲剧在于，弄不清楚“马”为何物。这是多么危险！骑“驴”的过程，其实就是培养能力、积累知识和经验的过程，因此，确保现在骑的真的是“驴”，而不是“牛”或其他的什么，真的很重要！

个人的职业发展，要么是沿着专业的方向发展，要么是沿着行业的方向发展；最不应该的，是在专业与行业之间跳来跳去，这是人生的最大浪费。如果转换过于频繁，往往就什么都会一点，但什么都不精通、不专业，深入不进去，结果会是一无所获。唯有选准其中的一个行业或者专业，长期地坚持干下去，才能形成自己的核心竞争力。

方向与目标是最核心的问题。在求职前一定要做到“心中有马”，最好是能有明确的职业规划。

首先要计划一下自己职业发展的大致路线。此时最应该想明白这样两个问题：你想往哪一路线发展？能往哪一路线发展？

想往哪一路线发展，关系到职业目标的设定。即是向行政管理路线发展，还是向专业技术路线发展；是先走技术路线，再转向行政管理路线，还是……由于发展路线不同，对职业发展的要求也不相同。职业目标的设定，是职业规划的关键点。目标的抉择，是以自己的最佳才能、最优性格、最大兴趣等信息为依据的。抉择目标前，应先进行自我评估，然后才能做出最佳抉择。自我评估包括自己的兴趣、特长、性格、学识、技能、智商、情商、思维方式等。为此可以做一份专业的人才测评，根据测评结果，明确自身具备的就业能力，从而找准适合自己的位置，游刃有余地进行工作。

能往哪一路线发展，指的是目标的设定要受到环境因素的影响。

每个人的发展都受环境影响，如政治环境、社会环境、经济环境、家庭环境等。因此，在确立职业目标时，要考虑环境条件的特点、环境的发展变化情况，要分析自己与环境的关系、自己在此环境中的有利与不利条件，当前的整体就业环境和就业趋势，各行各业的现状及发展前景，以及自己的家庭环境等因素。只有充分了解环境因素，才能趋利避害，确立符合自身实际情况的目标，使自己的职业规划具有实际意义。

对以上两个问题，要进行综合分析，以此确定自己的最佳职业发展路线。

在做出职业规划后，须使自己的工作、学习以及各种行动沿着预定的方向前进，才可能会有好结果。

职业规划不是一两天的事。因而，在大学期间就应着手去做。不论你毕业后是直接步入社会还是考研、留学，最关键的是你要有明确的职业方向。被誉为“日本的比尔·盖茨”的孙正义，年轻时经过很长时间的思考后，最终选择了从事软件的流通事业。他曾经这样说过：“我不愿意用情性或者是偶然的因素决定自己的命运和人生方向，我会在深思熟虑的基础上，确立自己未来的方向。当然，一旦拟定自己的人生计划，我就会立即去付诸实施……”在做出职业规划后，须使自己的求职、工作、学习以及各种行动沿着预定的方向前进。

例如，你喜欢传媒，那么你在大学课堂上就应把专业基础知识学好、学精，业余时间可以参加一些实践活动。如果你喜欢写作，那么除了多阅读一些著作外，应该争取能在刊物上发表作品。所有的这些都是在为你未来的职业生涯做储备。

值得注意的是，职业规划并不是一成不变的。随着自身及外界环境的变化，须不断地对职业规划进行评估与修订。例如，重新选择职业方向、重新选择职业路线、目标的修正、变更实施措施等。

按照职业规划执行了一段或很长时间后，可以根据自己的发展情况适时改变职业规划支点。毕业求职时，如果你家境不好，经济拮据，自然应以“生存支点”来规划自己的职业生涯，适合从事一些要求不高的简单职业，这时需踏踏实实从低处做起，以累积生存资本。

当解决了温饱问题后，就应将“生存支点”转移到“发展支点”上来。即使目前的工作薪水不错，但如果知识及技术含量不高、发展空间不大，就不妨以“兴趣支点”来重新规划，找一份自己真正喜欢的工作，也许薪酬不比原来高，但可以带给你快乐，更有利于激发潜能，做出成绩。

一般说来，职业规划应该先从单一支点起步，随着知识、能力、经验等的积累与提升，可以逐步采用复合支点。在这个日新月异的时代，只有根据实际情况迅速转移职业规划的支点，才可以立足及发展。

如果你希望自己离成功更近一步，不妨适时调整或改进自己的职业规划。当你明确地知道自己想要什么的时候，只要你努力，你终会走出一条属于自己的路。

失意时要善于解脱自己

在现实生活中，我们会经常遇到一些不开心的事情，此时非常容易钻牛角尖，或自怨自艾，或怨天尤人。其实，换一种思维想想，你就会发现，许多令你沮丧的事情，其实并没有想象得那么糟糕，甚至于有些事还会令你因祸得福。

有一次我上高擦玻璃，在下窗台时不慎跌倒，腰部上方正好撞在了桌角上，当时就疼得起不来，缓了好一会儿以后才从地上爬起来。

之后，我对着镜子看，发现摔伤的地方有比鸭蛋还大的一块淤青，而后的一段时间里，由紫青转为紫黑，而且这块紫黑的淤斑一个多月以后才渐渐地散去，可见当时摔得是多么的严重。

后来我对朋友说起这件事，我仍一副心有余悸的样子。朋友说："你应该感到庆幸才对。"我问为什么，她说，因为你没有摔到腰椎，没有摔到头部，如果是摔到了这二者，你敢想象是个什么后果吗？"朋友的一席话让我沮丧的心情顿时烟消云散。的确应该感到庆幸，如果是摔到了腰椎或头部，不是腰椎骨折就有可能是脑震荡，其后果不堪设想。

人生偶有失意，在所难免。当我们遇到种种不如意时，除了要保持一种积极向上的态度外，还要以一种包容的心境去面对。一味哀怨无济于事，对现实不满亦为无用之举，一切当以心宽化解。

曾经有人说过，"当你在埋怨自己的鞋子不合脚的时候，看看那些光着脚的人，当你在埋怨自己光着脚的时候，看看那些已经没有脚的人，当你在埋怨自己没有脚的时候，要看看那些已经失去了生命的人”，如若能这样去思考问题，还有什么事情能让你愁眉不展呢？

谁都难免会有痛苦、困惑、烦忧抑或委屈的时候。也许你的痛苦是刚刚和恋人分手或事业受挫，或遭受了失去亲人、意外事件的打击等。人生在世，总会有各种缺失及不完美，千万别让自己的心因此支离破碎。请尝试站在新的角度，以一颗积极的心去面对生活中的缺失。当你不顺心、不如意时，想开点，包容点，每个人都可以成为内心强大的人。内心的强大能够稀释一切痛苦和哀愁。

青杨是一个情绪化的人，一遇到不开心的事，心情就会非常糟糕，他知道这是自己性格上的弱点，却找不到好的办法来化解。

大学刚毕业那段时间，是青杨心情最灰暗的时段。他在一家公司做职员，工资比较低，事业没进展，还受到同事的排斥和打击。更为痛苦的是，相恋几年的女友也和他分手了，他的心在一点点地破碎。

青杨自怨自艾，一味地让自己沉沦下去。除了伤悲，他又能怎么样？直到后来，他整夜失眠，家人建议他去找心理咨询专家咨询，以便摆脱现在的困境。

那天青杨翻来覆去地诉说，专家耐心地倾听着，听完了他的诉说，专家沉思片刻，指着桌子上放的一杯水，笑着说：“我已经给好几个人看过这个杯子了，几乎每天都有灰尘往它里面落，但它依然澄清透明着，你说这是为什么呢？”青杨认真思索着，不一会儿，他跳起来说：“我知道了，所有的灰尘都沉淀到杯子底下了。”

专家赞同地点点头说：“你心中或许有太多不如意了，就如同落入这杯水中的灰尘，如果你厌恶地摇晃，会使整杯水都浑浊不堪。有些东西你越想清除就越缠绕，那就让它沉入心底好了。如果你愿意慢慢地让灰尘沉淀下来，用包容的心去容纳它们，心灵就不会因此受到污染，反而会更加纯净。”

失意在所难免，权且把心放宽。当遭遇各种不如意时，就把所有的烦恼都沉入心底吧，不要为那些不顺的事纠结，只有让它们慢慢地沉淀下来，才会显出生活的明澈和快乐。

今天，流行这样一句叹语：我好累！现在的人大多觉得活得很累、不堪重负。社会在不断进步，而人的负荷却更重，精神更空虚，思想更浮躁，身心也更易感到疲惫。

工作不顺利，总是挨批；经济不宽裕，没得到满意的待遇；先进评比没有份；老板不讲情理；等等。对这类事情，如果能想得开，就能妥善对待、处理。如果想不开，越想越气，就可能憋出病来，甚至可能为了一点小事情绪失控，大闹一场，使自己的人际关系受损。更有甚者，干脆连工作也弄丢了。事后冷静下来想一想，这样做根本不值得。

其实，像以上列举的种种也并不是什么大不了的事，对这些事情，明智者尽可一笑了之，因为有些事情是不可避免的，有些事情是无法预测的。能补救的则需要尽力去挽回，无法补救的只能坦然受之。

对于已经发生或是无法回避的事情，你即使是再心急、发怒，也皆无济于事。此时，有两种方式可供我们选择：一是把它当作人生中的必然，接受它、适应它；二是抗拒它，将它忧闷在心而陷于神经衰弱。你会选择哪种应对方式呢？

一样的问题摆在不同的人面前，带给他们的感受大不相同。就像一样的玫瑰花放在不同人的面前，心理阴暗者只能看到丑陋的刺，感受到的是郁闷之火；心理光明者看到的是美丽的花，感受到的是心中的喜悦。凡事只有从积极的角度去想，人生才会充满希望。

其实，只要我们换一种角度思考问题，一切都会变得不同。当我们失业后，有的是机会再就业；当我们对工资不满时，改进工作就会有所提高；当我们应聘一再碰壁时，不正是完善、提升自己的时机么？因此，我们是幸运的。

有时失去就意味着收获，绝望中正孕育着生机无限。当你面对生活中的种种不如意，不要灰心丧气，而要保持一颗平常心，也许换个角度，就跨越了得失的界限，迎来一片新的天。

吞钩现象：驱尽过去的阴霾，未来才能进来

“如果当时我那样做，就不会错失良机了”“我当时如果趁着低价多买进，现在早就发大财了”……

现实生活中，人们都会因这样或那样的过失或错过，常常自怨自艾，后悔莫及，以致心情十分沉重，痛苦不堪。这种悔恨情绪有时就像人生中的鱼钩，被我们不小心咬上，深深地陷入心灵之后，即使我们再怎么负痛挣扎，也很难摆脱，反倒越钩越紧了。

不要总去惦念那些过去的阴霾，不要总是说个不停。我们需要总结昨天，但我们不能对过去了的过失耿耿于怀。因为伤

感也罢，悔恨也罢，都已无法改变了。人生难免会跌倒，在遭遇损失与挫折后，应该采取明智的态度，要想办法来弥补，而不要沮丧和悲叹；要想办法东山再起，而绝不要气馁和消沉。莎士比亚说得好：“明智的人永远不会坐在那里为他们的损失而悲伤，却会很高兴地去找出办法来弥补他们的伤痕。”

即使你在过去的旅途中失过足、摔过跤、受过挫折，也没必要永远背着沉重的包袱。沉溺于痛苦悔恨中只能痛失未来；而爬起来，继续前行，未来的旅途肯定会风光无限。生活中永远不乏重新开始的机会，即便你身处绝境，也可以将它变成建功立业的大好时机。

与其徒劳地沉溺于过往，不如静下心来好好梳理总结。既然再怎么遗憾与悔恨都不能改变过去，又何必白费力气？追悔过去，只能失掉现在；失掉现在，就不可能有未来！时光一去不复返，每天都应尽力做完当天该做的事，明天将是新的一天，应当重新开始。

听听华人作家刘墉的真诚奉劝吧：“我们可以转身，但是不必回头，即使有一天，发现自己错了，也应该转身，大步朝前走。”

所以，直面人生吧，只要结果，不论如果，以你今天的全部热情去浇灌成功之果。

快慢相宜才是健康的生活之道

一个懂生活、会生活的人，能够该工作的时候工作，该休息的时候休息。一味地忙，就会让自己绷得过紧，导致身心疲惫不堪；一味地闲，往往会让自己变得松垮、懒散，失去进取心和斗志，进而停步不前。所以，工作和生活需要保持一种平衡，总是过于紧张就得不偿失了。

我们不妨做个试验：你一笔画个圆圈，在交接处有意留出一小段空白。过一会儿回头再瞅一下这个圆，此刻你脑子里必定会闪现出要填补这段空白弧形的意念。因为你总有一种想迫切完成的感觉，否则心会始终揪悬着。这就涉及了所谓的“齐氏效应”。

生活中，我们每天总有干不完的事，紧张的工作节奏和高负荷的工作状态以及各种竞争的增加，使人们易于产生紧迫感、压力感和焦虑感。

我们如今的生活状态大都是这样的：清晨带着一脸疲惫去

上班，低着头匆忙地赶公交；中午，快速地吃完饭，马上伏回电脑前；一下班，就匆匆忙忙地赶回家中，焦头烂额地处理着家中的事务……我们像陀螺一样飞速旋转，转得头晕目眩，为了生存及晋级，我们一刻也不曾闲着，我们的神经时常绷着。我们的生活节奏已经失控了！

“快”让我们心力交瘁，让我们用健康换金钱。近年来，不断有中年人猝然离世的消息，许多人处于“过劳死”的边缘，患心理疾病与亚健康的人也越来越多。正如美国专家格斯勒所说：“我们正处在一个把健康卖给工作的时代，我们正在以一种自愿的方式把我们的健康甚至幸福抵押出去。”无休止的紧张生活给予我们物质的同时，也带给我们心灵和健康的危害及隐患。看看吧，你周围有多少人越来越郁闷了，有人焦虑着，有人抑郁了……

年轻时我们忍受不了无名无利的简单，总想与人竞争什么，总想成为万众瞩目的人。为此，我们就像上足了发条的玩具马，不知疲倦、不分昼夜地工作，完全舍弃了个人的生活。不否认“人应该努力工作”。但是，在追求个人业绩的同时，不应舍弃均衡的生活，否则，各种问题就来了。

如果天天为工作疲于奔命，则会对很多心身疾病的产生起推波助澜的作用。因此，我们必须学会自我心理调适，以缓解精神上的紧张状态。

《菜根谭》说：“忧勤是美德，太苦则无以适情怡性。”意思是，尽心尽力做事原本是一种美德，但如果过分认真而导致心力交瘁，就会使精神得不到调剂而丧失生活乐趣。所以，工作既要进得来，也要出得去。只有安下心来专心工作才能把工作做好，而只有学会休闲放松才能获得均衡生活，使自己的人生更丰富、更有意义。

原微软中国区总经理吴士宏这样劝诫我们：“得到今天的一切，我付出了很大的代价，大到我不建议美丽的女人们也去做同样的付出。人生有丰富的意义，不是只有事业、名位或是金钱才有意义。”的确，除了工作，生活中还有很多值得我们珍重的事情：健康、爱情、亲情、友情……在它们中间寻找到一个平衡，我们才能享受快乐的人生。

有的时候，我们将奋斗的目标定得过高；有的时候，我们将奋斗的目标定得过多。无论是前者还是后者，都使我们无法平衡，深感心有余而力不足，最后可能会迷失方向，把自己压垮。为此，我们要找到一个平衡点，不把自己变成一台长期超负荷运转的机器。聪明的办法是学会取舍，放弃自己还不具备能力与条件或是无法兼顾的目标。只有明智地取舍，才能摆脱无谓的烦恼，拥有自在的生活。

平时，我们要自觉地调节心理，既不要让自己懒惰，也不要过于忙碌。太快的脚步很容易让人心力交瘁，感觉不到生活的美好。央视名嘴白岩松曾大发感慨：“年岁越大，幸福感却在减少，我很怀念小时候的时光。”幸福到底是什么？白岩松说目前没有清晰的答案，但获得幸福尤其需要人们放慢脚步，“这个时代太快了，快得可怕，人的终点都是一样的，为什么都那么着急呢？”

生活不是百米竞赛，而是马拉松，何不放慢生活的脚步，从容而坦然地生活？放慢匆匆的脚步，投入地锻炼休闲；放慢脚步，用心地聆听，投入地爱；放慢脚步，欣赏旅途中的大好风景。

只有放慢生活的脚步，舒缓紧张情绪，放松自己的心灵之弦，才能在人生之路上踏歌而行。慢慢地生活，慢慢地活着，我们会找到生活里真正的幸福。

参考文献

[1]郑建斌.思维左右命运[M].北京：中国纺织出版社，2009.

[2]杜乾昌.做人当有大格局[M].北京：中国华侨出版社，2011.

[3]罗卫国.认知突围：拆掉管理思维的墙[M].北京：台海出版社,2018.